suhrkamp taschenbuch
wissenschaft 73

Paul Lorenzen, geboren 1915, ist seit 1962 Professor für Philosophie in Erlangen. Publikationen: *Einführung in die operative Logik und Mathematik*, *Formale Logik*, *Die Entstehung der exakten Wissenschaften*, *Metamathematik*, *Differential und Integral*, *Logische Propädeutik* (mit W. Kamlah).
Der vorliegende Band enthält Arbeiten zu Problemen der Logik, Mathematik und mathematischen Naturwissenschaft. In diesen Beiträgen geht es nicht um einzelwissenschaftliche Theorien, sondern um Grundlagen, Grundbegriffe und Begründungsprobleme von Wissenschaft selbst. Lorenzen ist der Ansicht, daß auch die Grundlegung exakter Wissenschaft im Kontext gesellschaftlicher Zusammenhänge zu sehen ist und erschüttert damit die These von einer möglichen wertfreien Wissenschaft.

Paul Lorenzen
Methodisches Denken

Suhrkamp

suhrkamp taschenbuch wissenschaft 73
Erste Auflage 1974

Druck: Nomos, Baden-Baden
Printed in Germany
Umschlag nach Entwürfen
von Willy Fleckhaus und Rolf Staudt

Inhalt

Collegium Logicum

Festrede, gehalten bei der Jahresfeier der Friedrich-Alexander-Universität Erlangen-Nürnberg am 3. November 1962

Hochansehnliche Festversammlung!

Collegium Logicum ist der Name für die Logikvorlesung der mittelalterlichen Universität. Obwohl gegenwärtig die Logik nicht mehr allgemeines Bildungsgut ist, darf ich hoffen, daß der angekündigte Titel Ihren – vermutlich mäßig gespannten – Erwartungen für die nächsten 45 Minuten doch einen gewissen Anhalt gegeben hat. Denn in Deutschland darf man damit rechnen, daß zumindest das Publikum solcher akademischen Feierstunden wie der heutigen noch seinen Goethe kennt.

In der Schülerszene des Faust sagt Mephisto:

»Mein teurer Freund, ich rat Euch drum
zuerst Collegium Logicum.
Da wird der Geist Euch wohl dressiert,
in Spansche Stiefeln eingeschnürt,
daß er bedächtiger fortan
hinschleiche die Gedankenbahn.«

Gewiß kann man aus dieser Karikatur nicht allzu viel über den Logikunterricht entnehmen. Aber es wird deutlich, daß es sich um eine Erziehung des Geistes – notfalls um eine Dressur – handelt, derart daß der Geist nicht ungezügelt von Gedanke zu Gedanke springt, sondern geordnet vorgeht – ungünstigenfalls: dahinschleicht.

Goethe selbst hat zu Beginn seines Studiums – er war damals 15 Jahre alt – in Leipzig eine Logikvorlesung gehört, und zwar in der Manier der Wolffschen Aufklärungsphilosophie.

Die Schülerszene des Faust steht schon im sogenannten Urfaust. Goethe war also etwa 25 Jahre, als er sie schrieb. Später, schon

über sechzigjährig, schrieb er in Dichtung und Wahrheit über das von ihm gehörte Collegium Logicum folgendes:
»In der Logik kam es mir wunderlich vor, daß ich diejenigen Geistesoperationen, die ich von Jugend auf mit der größten Bequemlichkeit verrichtete, so auseinanderzerren, vereinzeln und gleichsam zerstören sollte, um den rechten Gebrauch derselben einzusehen.«

Man sieht hier, daß im Falle der Logik Mephisto durchaus die Meinung Goethes wiedergibt. Die Auffassung Goethes von der Logik war allerdings nicht originell. Schon seit Beginn der Neuzeit hatte sich diese abwertende Auffassung durchgesetzt. Einerseits verspotteten die Humanisten die mittelalterlichen Logiker wegen ihres barbarischen Lateins, andererseits – und das war das Entscheidende – schob die entstehende neuzeitliche Wissenschaft alle Logik verächtlich beiseite.

Descartes z. B. schreibt in seinen Regeln zur Anleitung der Vernunft: »Wir lassen alle Vorschriften der Logiker außer acht, durch welche sie die menschliche Vernunft zu regieren glauben, indem sie gewisse Formen des Schlußfolgerns vorschreiben, die so notwendig schließen sollen, daß die Vernunft, ihnen vertrauend, obwohl sie sich gewissermaßen von der einleuchtenden und aufmerksamen Betrachtung befreit, doch dabei etwas Sicheres kraft der Form erschließen könne.«

Wenn Descartes sich so energisch von der Logik absetzt, so können wir daraus entnehmen, daß zu seiner Zeit die Logik weithin noch in einem hohen Ansehen gestanden haben muß. In der Tat haben sich ja die Logikvorlesungen bis in die Goethezeit als obligatorisch für alle Studenten halten können. Erst mit der Humboldtschen Universitätsreform bricht diese Tradition ab. Die Artistenfakultät, die bis dahin vorbereitende Fakultät für die oberen Fakultäten: Theologie, Jurisprudenz und Medizin war, wird jetzt als philosophische Fakultät nebengeordnet. Der Logikunterricht wird zunächst von den Gymnasien übernommen, dort verschwindet er aber ziemlich bald in der Masse der neuen Schulfächer.

Dieses allmähliche Versanden des logischen Traditionsstroms

wird Ihnen vermutlich nicht besonders bemerkenswert erscheinen. Wir sind es gewohnt, die Neuzeit als eine Zeit zu sehen, in der sich viele Traditionen – langsamer oder schneller – verlieren. Auch wenn ich hinzufüge, daß die Logik kein mittelalterliches Phänomen war, sondern schon ein wesentlicher Bestandteil der antiken Philosophie, wird Sie das vermutlich nicht erschüttern. Auch die logischen Sorgen von Platon und Aristoteles sind eben nicht mehr die unseren, genausowenig wie etwa die von Abälard im 12. Jahrhundert oder die von Ockham im 14.

Die Auffassung der Logik als eines traditionellen Phänomens, das heutzutage nur noch historisches Interesse beanspruchen könnte, ist aber grundfalsch.

Vor etwa hundert Jahren zeigte sich nämlich plötzlich wieder ein starkes Interesse für Logik – und zwar ganz unabhängig von der Tradition, derart, daß man zuerst glaubte, es handle sich überhaupt um etwas Neues.

Um 1900 wollte man sogar einen neuen Namen, nämlich »Logistik«, für diese scheinbar neue Wissenschaft des 20. Jahrhunderts einführen. Erst in den letzten Jahrzehnten ist es immer deutlicher geworden, daß es aber dieselben logischen Probleme sind, die im 4. Jahrhundert v. Chr. in Athen, im 14. Jahrhundert in Oxford und Paris und im 20. Jahrhundert z. B. in Princeton die Gelehrten beunruhigen.

Die antike und mittelalterliche Logik mag nur für den Historiker von Interesse sein, aber daß sich vor unseren Augen die Logik noch einmal wie der Phoenix aus der Asche zum Fluge erhebt – sogar Erlangen hat jetzt ja einen Logikprofessor –, ist ein Schauspiel, das jeden herausfordert, nach einer Möglichkeit zu suchen, es zu verstehen. Die folgenden Betrachtungen sind diesem historischen Problem gewidmet.

Nun ist es leider nicht möglich, etwas aus der Geschichte einer Wissenschaft zu verstehen, ohne wenigstens zu wissen, wovon diese Wissenschaft handelt – ich kann daher nicht vermeiden, zunächst die sachliche Frage zu erörtern, was denn der Gegenstand der Logik sei.

Nach der Goetheschen Formulierung handelt es sich um diejenigen Geistesoperationen, die wir von Jugend auf mit der größten Bequemlichkeit verrichten. Welche Antwort würde man wohl bekommen, wenn man jemand fragte – ohne den Zusammenhang zu verraten –, welche Geistesoperationen er von Jugend auf mit der größten Bequemlichkeit verrichte? Nun, ich denke, man würde sehr häufig die Antwort bekommen: »Ja, wissen Sie, ich bin leider nie ein guter Rechner gewesen.« Nehmen wir also lieber den Fall eines guten Rechners! Er vollzieht Addition und Multiplikation in der Tat von Jugend auf mit der größten Bequemlichkeit.

Die Wissenschaft vom Rechnen heißt bekanntlich Arithmetik. Hier handelt es sich um Geistesoperationen mit den Zahlen. Man lernt das System der Zahlen und die Operationen mit ihnen in der Schule. Niemand nimmt hier einen vergleichbaren Anstoß wie Goethe am Logikunterricht; niemand verwundert sich, daß man diese Operationen im Unterricht einzeln und ausführlich analysiert, um den rechten Gebrauch derselben einzusehen.

In der Logik handelt es sich um Operationen, die statt mit Zahlen mit Gedanken, konkret gefaßt, mit sprachlichen Aussagen vorgenommen werden. Auf der Schule lernen wir dies Operieren nicht. Unsere Kinder können ja schon sprechen, wenn sie in die Schule kommen. Schon fünfjährige Kinder schließen mit der größten Bequemlichkeit. Liest man etwa einem Kinde aus der Speisekarte in einem Restaurant vor, es könne Eis oder Schokolade bekommen, und fügt der Kellner dann hinzu, Eis könne es heute leider nicht bekommen, so schließt das Kind bestimmt sofort, *also* könne es Schokolade bekommen. Aus A oder B (hier: Eis oder Schokolade) und nicht A (kein Eis) folgt eben logisch B (Schokolade). Die geistige Operation besteht darin, von den zwei Aussagen »A oder B« und »nicht A« überzugehen zu der Aussage »B«. Und der Schluß ist ein logischer, weil er kraft der Form gilt; es kommt nicht auf den Inhalt von A und B an. A und B könnten statt Eis und Schokolade beliebig anderes bedeuten.

Ich möchte noch ein weiteres Beispiel geben, in dem die Schlüsse etwas unbequemer sind. Das Beispiel stammt seiner logischen Form nach aus der Antike. Nur der logisch unwesentliche Inhalt ist von mir modernisiert.

Es handle sich um eine Diskussion über einen Streik, bei dem – das kommt ja wohl vor – einige kommunistische Arbeiter nicht streiken. Jemand argumentiere nun so: »Wenn ein Arbeiter darum nicht streikte, weil er kein Kommunist ist, so würde er streiken, wenn er Kommunist wäre. Nun aber streiken einige Kommunisten nicht. Also? *Also* streikt der Arbeiter *nicht* darum nicht, weil er kein Kommunist ist.«

Ich darf Ihnen versichern, daß dies in der Tat ein logischgültiger Schluß ist, der hier durch das »also« behauptet wird. Ein Fehler liegt aber in der ersten Prämisse – ich will Ihnen jedoch die genaue Analyse ersparen. Es ist ja zu vermuten, daß Ihnen solche Beispiele doch nicht geeignet erscheinen werden, um Goethe zu widerlegen. Muß man sich denn auf solche kunstvollen Konstruktionen wie hier »wenn A nicht wäre, weil B nicht ist, so würde A sein, wenn B wäre« überhaupt einlassen?

Nun gewiß *muß* man das nicht, aber was würde es andererseits eigentlich schaden, wenn man so geschult wäre, daß man sofort wüßte, hier muß der Nachsatz heißen »so würde B sein, wenn A wäre« statt »so würde A sein, wenn B wäre«?

Wie diese Beispiele zeigen, ist das Charakteristische des logischen Schließens, daß die Aussagen, mit denen operiert wird, durch Buchstaben ersetzt werden können, weil es auf den Inhalt nicht ankommt.

Vergleichen wir das Schließen mit dem Rechnen, so entspricht das logische Schließen also nicht dem Zahlenrechnen, sondern dem Buchstabenrechnen.

Wenn man z. B. rechnet

$$(m+n)^2 = m^2 + 2\,mn + n^2,$$

dann ist das ein Operieren mit Formeln, nicht mit Zahlen wie etwa bei $7 \cdot 8 = 56$.

Mit Buchstaben und Formeln zu rechnen, lernt man heutzutage in der Untertertia. Warum aber lernt man dann in der Obertertia nicht auch mit Buchstaben zu schließen, also logisch kraft der Form zu schließen?

Ich sehe hierfür keinen anderen Grund als diesen: die Logik ist für uns noch zu neu. Sie ist daher noch nicht genügend ins allgemeine Bewußtsein gedrungen.

Fragt man nach den wichtigsten Operationen, die mit den Zahlen vorgenommen werden, so kann jedes Schulkind antworten: Addition und Multiplikation. Als Zeichen werden üblicherweise die bekannten Zeichen + und · verwendet, so daß beim Operieren mit Buchstaben Formeln wie $m + n$ oder $m \cdot n$ entstehen. Für die Arithmetik ist es selbstverständlich, daß es nicht auf die Zeichen selbst ankommt, sondern nur auf die bezeichneten Operationen. Ob man $m+n$ in Zeichen schreibt oder »m und n« in Worten, ist gleichgültig, wenn nur in beiden Fällen nach denselben Regeln gerechnet wird.

In der Logik ist es nun genauso. Ob man die Aussagen mit den logischen Partikeln der deutschen Sprache zusammensetzt, z. B. »A oder B *und* nicht A« oder ob man internationale, genauer: interlinguale Zeichen dafür benutzt – welche ist gleichgültig, ich will sie hier lateinisch benennen – so daß wir erhalten »A vel B *et* non A«, das ist für die Logik unerheblich. Es kommt nur auf die Regeln an, nach denen geschlossen wird.

Diese Regeln müßte man natürlich gelernt haben. Für die Arithmetik stehen sie in unseren Schulbüchern, für die Logik lernen wir sie aber – so ist es eben gegenwärtig – nur gefühlsmäßig, auf dieselbe Weise etwa, wie wir grammatische Regeln lernen.

Dieser Zustand unseres Unterrichts ist nicht eine Schuld der Schulbehörden. An dieser Stelle sind vielmehr gegenwärtig die Logiker untereinander nicht einig. So leid es mir tut, muß ich nämlich berichten, daß die Mehrzahl meiner verehrten Fachkollegen sich bisher nicht davon hat überzeugen lassen, daß die logischen Regeln ganz etwas anderes sind als die grammatischen.

Die Streitfrage läßt sich z. B. so fassen: gilt in der Logik der Schluß von »A vel B *et* non A« – in Zeichen geschrieben – auf B, weil man im Deutschen nach dem Sprachgefühl von »A oder

B *und* nicht A« auf B schließt, oder erklärt vielmehr die Gültigkeit des logischen Schlusses dieses Sprachgefühl?

Für die Arithmetik ist es ganz klar, daß nicht deswegen $7 + 5 = 12$ – in Zeichen geschrieben – gilt, weil man im Deutschen sagen darf, »sieben und fünf sind zwölf«, sondern daß umgekehrt die Gültigkeit der Gleichung $7 + 5 = 12$ erklärt, warum man im Deutschen so sagt.

Obwohl ich meine Fachkollegen bisher nicht davon habe überzeugen können, daß die logischen Operationen, so wie die arithmetischen, interlingual, d. h. unabhängig von der Sprache, die man spricht, zu definieren sind –, so möchte ich dies doch im folgenden unterstellen. Wir können dann das logische Schließen als ein Schließen mit den bloßen Formen von Aussagen bestimmen. Diese entstehen dadurch, daß – statt der Aussagen – Buchstaben mit den Zeichen für die logischen Operationen zusammengesetzt werden.

Daß bloß mit Formeln geschlossen wird, ist übrigens der Grund dafür, daß die Lehre vom logischen Schließen genauer ›formale Logik‹ genannt wird. Im Gesamtgebiet der Logik bildet die formale Logik nur einen speziellen und elementaren Teil – aber auf diesen können wir uns vorläufig beschränken.

Wir können jetzt unsere historische Frage wieder aufnehmen. Wie ist es zu verstehen, daß die formale Logik seit Beginn der Neuzeit in Vergessenheit geraten konnte und erst in unserem Jahrhundert wieder mit größtem Interesse studiert wird?

Von der antiken und mittelalterlichen Philosophie brauche ich dazu nur weniges zu schildern, um eine Ausgangsposition zu gewinnen.

Die Logik ist eine Errungenschaft der griechischen Philosophie. Zur Zeit des Sokrates gab es schon die Anfänge der griechischen Wissenschaft, und die Sophisten lehrten die Kunst der Streitgespräche. Mit Sokrates und seinem Meisterschüler Platon beginnt die Reflexion auf das, was wir denn da eigentlich tun, wenn wir in der Wissenschaft oder im Streitgespräch von gewissen Aussagen zu weiteren Aussagen übergehen. Als Mitglied der platonischen Akademie schrieb Aristoteles dann die ersten

Lehrbücher der Logik. Er führte insbesondere das Schließen mit Buchstaben ein.

Im Hellenismus wurde die formale Logik von der Stoa weiterentwickelt. Erst als im späteren Hellenismus nicht mehr das kritische Prüfen, sondern das Glauben eine Tugend wurde, ging es mit der Logik bergab. Sie verschmolz immer mehr mit dem damaligen rhetorischen Unterricht.

Um so erstaunlicher ist das Phänomen der Scholastik, die gerade um des Glaubens willen die Logik extrem hochgezüchtet hat. Man wollte das, was man glaubte, auch verstehen: quod credimus, intelligere.

Als Instrument des Verstehens hatte man aber nichts anderes als die antike Logik, zunächst sogar nur das wenige, was aus der spätrömischen rhetorischen Schultradition gerettet war. Das ganze Mittelalter hindurch wurde z. B. immer wieder ein dürftiges Compendium der Logik von Martianus Capella aus dem 5. Jahrhundert kommentiert. Dieser hatte vermutlich aus Apuleius abgeschrieben, und das Buch von Apuleius war wohl eine Übersetzung eines griechischen Schulbuches aus dem 2. Jahrhundert. Aus dieser Quelle stammt die lateinische Terminologie der Scholastik – unsere Terminologie ist übrigens eine Übersetzung von dieser.

Erst im 12. Jahrhundert lernte die Scholastik die griechischen Originale, größtenteils auf dem Umweg über das Arabische, kennen. Das hatte einen enormen Aufschwung der Logik zur Folge. In der Spätscholastik kam hinzu, daß sich die Logik von der Theologie unabhängig machte: sie wurde autonom. Um 1350 sagte z. B. Ben Gerson über die Logik: »haec ars est principium ad omnes scientias, et ideo non oportet professorem huius scientiae habere notitiam de aliis scientiis.«

»Diese Kunst ist die Grundlage aller Wissenschaften, und daher braucht der Professor dieser Wissenschaft keine Kenntnis anderer Wissenschaften zu haben.«

Für einen Logiker muß das eine herrliche Zeit gewesen sein. Die Formulierungen, mit denen ich vorhin den Gegenstand der formalen Logik bestimmt habe, kommen fast wörtlich so in der

Spätscholastik vor. Die Schlüsse, die kraft der Form gelten, nannte man consequentiae bonae de forma – sie wurden von den Scholastikern erstmalig so definiert wie heute. Bei Paulus Venetus im 15. Jahrhundert heißt es z. B. »Consequentia bona de forma dicitur illa, cui quaelibet sibi similis in forma est bona«.

»Ein Schluß heißt kraft der Form gültig, wenn jeder ihm in der Form gleiche Schluß gültig ist.«

Alle logischen Operationen, die wir heute kennen, waren auch damals bekannt.

Trotz dieser Höhe der scholastischen Logik wird sie mit dem Beginn der Neuzeit völlig verdrängt. Und zwar erstaunlicherweise dieses Mal nicht im Namen eines übervernünftigen Glaubens, sondern im Namen einer neuen Wissenschaft.

Die damals schon beinahe 2000 Jahre alte Tradition, nach der das gesamte Wissen in Logik, Physik und Ethik einzuteilen ist, wird verworfen. Im Verlauf der Neuzeit bleibt allein die Physik im Sinne dieser Einteilung übrig. Aus ihr entstehen die neuzeitliche Mathematik und die neuzeitlichen Natur- und Geisteswissenschaften.

Daß der Niedergang der Theologie die Ethik mit sich zog, war zwar nicht notwendig, ist jedoch verständlich. Aber wie konnte im Namen der Wissenschaft die Logik in Vergessenheit geraten? Es ist doch selbstverständlich, daß z. B. Galilei und Newton die neue Physik nicht hätten schaffen können, wenn sie unlogische Köpfe gewesen wären. Um historisch zu verstehen, daß trotzdem die Logik aus dem Bewußtsein verdrängt wurde, muß ich nun noch auf die allgemeine Logik, d. h. auf ihren nicht-elementaren, nicht-formalen Teil zu sprechen kommen.

Von den aristotelischen Logikbüchern, den Analytiken, gibt es nämlich zwei Teile. Die ersten Analytiken behandeln das formal-logische Schließen, also den Übergang von Aussagen zu Aussagen, unabhängig vom Inhalt, insbesondere auch unabhängig von der Wahrheit. Die zweiten Analytiken behandeln aber den Übergang von Sätzen zu Sätzen innerhalb der Wissenschaft. Eine Aussage ist nur dann ein Satz einer Wissenschaft, wenn sie begründet werden kann – und diese Begründung geschieht im Normalfalle mit Hilfe anderer Sätze, die schon begründet sind. Während die elementare Aufgabe der Logik darin besteht, aus beliebig vorgegebenen Aussagen die Konsequenzen kraft der Form zu ziehen, handelt es sich jetzt darum, welche Möglichkeiten bestehen, einen vermuteten Satz wissenschaftlich zu begründen. Die Fragerichtung ist jetzt umgekehrt. Mit bloß-formalem Operieren ist hier nichts mehr auszurichten. Die allgemeine Logik ist eine Begründungslehre der Wissenschaften. In diesem Teil der Logik steht also vor allem der Begriff der Wissenschaft selber zur Diskussion. Eine Wissenschaft wird bestimmt als ein System von Sätzen, die in einem Begründungszusammenhang stehen. Das System muß wohlgeordnet sein in dem Sinne, daß man bei der Begründung eines Satzes durch andere Sätze und dann bei der Begründung dieser Sätze usw. niemals in einen unendlichen Regreß, speziell in einen Zirkel gerät.

Diese Wohlgeordnetheit ist auch vom Gesamtsystem aller Einzelwissenschaften zu fordern. Begründet man z.B. Sätze einer Wissenschaft mit Sätzen aus einer anderen Wissenschaft, so darf sich diese zweite Wissenschaft nirgendwo auf die erste gründen.

Ich will hier nicht auf die tückische Frage eingehen, wie diese Forderung der Wohlgeordnetheit zu begründen ist. Die Forderung selbst ist ja schon schwer genug zu erfüllen. Insbesondere zieht sie nach sich, daß es gewisse erste Sätze gibt, die ihrerseits nicht durch Sätze begründet werden.

Leider ist wenig damit getan, solchen ersten Sätzen einen Namen zu geben. Man nennt sie Axiome. Aber wie sind Axiome überhaupt möglich?

Nach Aristoteles ist der Mensch vernünftig, und mit seiner Vernunft kann er gewisse Axiome, z.B. die der euklidischen Geometrie, unmittelbar einsehen.

Modernen Ohren klingt dieser Vernunftglaube wie ein Wunschtraum. Aber setzen wir einmal den Fall, es gäbe solche Axiome! Dann ist der einfachste Typ einer Wissenschaft ein System von

Sätzen, das aus gewissen solchen Axiomen besteht und dazu aus allen formal-logischen Konsequenzen der Axiome. Eine Wissenschaft dieses Typs nennt man eine axiomatische Theorie. Außer den Axiomen werden in ihr alle Sätze allein durch logische Deduktion begründet.

Dieser Wissenschaftstyp ist also auf das engste mit der formalen Logik verbunden. Sowohl in der Antike als auch im Mittelalter war er der Idealtyp, den alle Wissenschaften erstrebten.

Damit haben wir jetzt die Stelle erreicht, von der aus die neuzeitliche Verdrängung der Logik verständlich wird: es wurde nämlich dieser Idealtyp der axiomatischen Theorie durch einen anderen Typ, den Typ der sogenannten analytischen Theorie ersetzt. Musterbeispiele waren die analytische Geometrie und die analytische Mechanik, wie sie im 17. und 18. Jahrhundert entstanden. Der Name ›analytische‹ Theorie ist etwas zufällig. Man hat die damals entstehende höhere Mathematik kurz ›Analysis‹ genannt, und daher stammt dieser Name.

Auch die Theorien der modernen Physik – wie sehr diese auch Wert darauf legt, sich von der sogenannten klassischen, d. h. hier neuzeitlichen, Physik zu unterscheiden – gehören noch zu diesem Typ der analytischen Theorien.

Dem genius loci zu Ehren – damit meine ich natürlich nicht den Markgrafen, sondern Werner von Siemens – möchte ich diesen Typ am Beispiel der Elektrodynamik erläutern.

Die analytische Theorie der Elektrodynamik beginnt nicht mit Axiomen wie die euklidische Geometrie, d. h. mit gewissen der Vernunft – wie auch immer – zugänglichen Sätzen, sondern mit gewissen mathematischen Gleichungen, mit sogenannten Differentialgleichungen. Diese Gleichungen wurden – übrigens gerade vor hundert Jahren – von Maxwell erfunden. Sie wurden später von Hertz in die heutige Gestalt gebracht; v. Laue nennt sie »jene geradezu ästhetisch schöne Gestalt . . ., die uns in Anbetracht ihres umfassenden physikalischen Gehaltes fast wie eine Offenbarung anmutet«.

Durch analytische Operationen allein von diesen Gleichungen aus erhielt Maxwell z. B. das Resultat, daß es elektromagnetische Wellen geben muß, und Hertz fand sie später wirklich: so wurde erst die Radiotechnik möglich.

Wie dagegen die Siemenssche Erfindung der Dynamomaschine zeigt, muß die Technik nicht in allen Fällen auf eine theoretische Vorausberechnung warten. Aber eine gute analytische Theorie ermöglicht grundsätzlich, alle Erscheinungen durch bloßes Rechnen auf dem Papier vorauszusagen.

Natürlich muß man dazu die mathematische Analysis beherrschen, d. h. man muß nicht nur addieren und multiplizieren, sondern vor allem auch differenzieren und integrieren können.

Mit den formal-logischen Operationen dagegen schien dies alles gar nichts zu tun zu haben. Die scholastische Logik erschien daher der neuzeitlichen Wissenschaft als ein Instrument, das bloß geeignet sei, unfruchtbar mit Worten zu streiten.

Nur die mathematischen Operationen, insbesondere die analytischen, erschienen als Operationen einer der Natur angepaßten übermenschlichen Sprache. Das System der Grundgleichungen muß von einem Genius in glücklicher Stunde gefunden sein. Kein Weg der Vernunft führt dahin. Es ist daher nicht zu verwundern, daß der Physiker es – zumindest sonntags – etwa so betrachtet, wie Faust die Zeichen ›von Nostradamus eigener Hand‹:

> War es ein Gott, der diese Zeichen schrieb?
> Bin ich ein Gott? Mir ist so licht!
> Ich schau in diesen reinen Zügen
> die wirkende Natur vor meiner Seele liegen.

Vergegenwärtigen wir uns so das Wesen der analytischen Theorien, dann wird das neuzeitliche Schicksal der Logik verständlich. Daß der Typ analytischer Theorien, die mit reiner Mathematik allein alle Begründungszusammenhänge lieferten, den Typ der axiomatischen Theorien ablöste, das ist der Grund dafür, daß die Neuzeit die formale Logik verdrängte: sie brauchte sie nicht.

Das ist also auch der Grund dafür, daß die Tradition des Logikunterrichtes abgerissen ist – und daß wir heutzutage ganz neu anfangen müssen.

Aber was hat sich denn nun – grob gerechnet seit 1900 – geändert? Warum ist jetzt die Logik wieder akut, obwohl doch die Physik noch immer aus analytischen Theorien besteht?
Der Grund für diese Änderung liegt in der mathematischen Grundlagenforschung des 19. und 20. Jahrhunderts. Nach der Auffassung des 17. und 18. Jahrhunderts war die Mathematik von der Logik unabhängig. Sie operierte nach ihren eigenen Regeln und so erfolgreich, daß es überflüssig erschien, genauer darüber nachzudenken, worauf sich die mathematischen Operationsregeln eigentlich gründeten.
Erst im 19. Jahrhundert begann man allmählich ernsthaft darüber nachzudenken, was das mathematische Schließen eigentlich ist. Es entstand die reine Mathematik, losgelöst von allen physikalischen Anwendungen – und man begann auf die Grundlagen der Mathematik, vor allem der Analysis, zu reflektieren. Die charakteristischen Grundlagenprobleme der Analysis kann ich hier nicht erörtern. Es läßt sich aber schon an ganz einfachen Beispielen der Arithmetik deutlich machen, daß die Reflexion auf die Regeln des mathematischen Operierens zwangsläufig auf eine Wiedererweckung der Logik führen mußte.
Jeder lernt auf der Schule, daß $m \cdot n = n \cdot m$ ist, d.h. daß die Reihenfolge bei der Multiplikation vertauscht werden darf. Man lernt dies als eine Rechenregel schon auf der Grundschule. Worauf die Gültigkeit dieser Regel beruht, lernt man aber im Normalfall auch auf der Universität nicht. Auch das ist wohl noch zu neu. Erst der Grundlagenforschung des vorigen Jahrhunderts fiel nämlich auf, daß die Gleichung $m \cdot n = n \cdot m$ ein allgemeiner Satz ist, der bewiesen werden muß und zwar bewiesen aufgrund der Definition der Multiplikation. Auch die Definition von $m \cdot n$ besteht aus Sätzen. Man setzt, daß $1 \cdot n = n$ sein soll und, angenommen $m \cdot n$ sei schon berechnet, so soll $(m+1) \cdot n$ um $1 \cdot n$ größer sein als $m \cdot n$.
Nun handelt es sich darum, von diesen Sätzen zu dem gewünschten Satz $m \cdot n = n \cdot m$ zu gelangen. Was man dazu braucht, ist gerade die formale Logik. Man muß nämlich z. B. das sogenannte Induktionsprinzip formulieren, das folgender-

maßen lautet: Wenn eine Aussage A für l gilt, und wenn A für n+l gilt, falls A für n gilt, dann gilt A für alle m.

Hier treten die logischen Partikeln »wenn« und »falls« schon in deutlicher Häufung auf, außerdem Buchstaben für beliebige Aussagen.

Die Mathematiker mußten daher schon für die Grundlegung der Arithmetik erst einmal ganz schnell die frühere formale Logik wiederentdecken. Sie mußten diese außerdem so erweitern, daß sie tatsächlich imstande waren, alle gewünschten Deduktionen zu leisten. So scharfsinnig die scholastische Logik auch gewesen ist, das konnte sie nicht leisten – außerdem war sie ja den Mathematikern des 19. Jahrhunderts gänzlich unbekannt. Das Verdienst, diesen modernen Ausbau der Logik geleistet zu haben, kommt hauptsächlich Frege zu. Er gab 1879 in seiner »Begriffsschrift« ein vollständiges System logischer Regeln an – er wird daher mit Recht der zweite Aristoteles genannt.

Mit einer voll leistungsfähigen formalen Logik lag es dann nahe, die gesamte Mathematik axiomatisch, d. h. nach dem Prototyp der euklidischen Geometrie aufzubauen. Es fehlten dazu leider nur die geeigneten Axiome. Eine von Frege selbst versuchte Axiomatisierung führte, wie Russell nachwies, zu Widersprüchen, d. h. die Mindestforderung an ein Axiomensystem, daß die Axiome einander nicht logisch widersprechen, war nicht erfüllt.

Inzwischen hat man widerspruchsfreie Axiomensysteme gefunden – seit Gentzen 1936 kann man sogar beweisen, daß sie widerspruchsfrei sind –, aber kurz vorher hatte außerdem Gödel in einer berühmten Arbeit von nur 25 Seiten Länge bewiesen, daß kein widerspruchsfreies Axiomensystem alle arithmetischen Sätze als logische Folgerungen liefern kann.

Man hat aus diesen Ergebnissen oft geschlossen, daß die Mathematik in eine Grundlagenkrise geraten sei. Angemessener ist es aber, diese Ergebnisse als das zu nehmen, was sie wirklich sind, nämlich als den Beweis dafür, daß Arithmetik und Analysis nicht zu dem Typ der axiomatischen Wissenschaften gehören.

Dieses Resultat sagt nichts gegen die Arithmetik und Analysis – diese entwickeln sich ja auch völlig ungestört weiter. Und gerade die Ergebnisse von Gentzen und Gödel zeigen, daß die Mathematik Möglichkeiten gefunden hat, Beweise zu führen, von denen man im vorigen Jahrhundert noch nicht einmal träumen konnte. Das neu eroberte Gebiet der Mathematik ist von Hilbert Metamathematik genannt worden. Die Auswirkungen dieser Metamathematik auf die bisherige Mathematik sind z. Z. noch nicht abzuschätzen, aber schon jetzt kann man voraussagen, daß die formale Logik in Kürze ein Pflichtfach für alle Mathematiker sein wird.

Wie wird sich diese Entwicklung jedoch auf die gesamte Logik auswirken?

Dieselbe Mathematik, die die Logik zu Beginn der Neuzeit verdrängt hat, hat jetzt – nachdem die Mathematiker bemerkt haben, daß sie bei ihren Beweisen dauernd formal-logisch schließen – zu einer neuen Blüte der formalen Logik geführt. Man wird hierin nach Hegel einen glänzenden Beweis für die List der Vernunft sehen dürfen.

Die durch diese List entstandene Situation ist die folgende: Die Logik als philosophische Disziplin ist im wesentlichen Begründungslehre der Wissenschaften. Die formale Logik ist ein spezieller, wenn auch unentbehrlicher Teil von ihr. Ohne ihr Zutun bekommt nun die Logik diesen ihren speziellen Teil von den Mathematikern in einer nahezu vollkommenen Gestalt frei Haus geliefert. Was wird sie mit diesem Geschenk machen? Viele Philosophen verhalten sich gegenüber dem mathematischen Geschenk sehr reserviert. Es stört sie vor allem die Verpackung in so ungewohnten Symbolen. Da dies aber keine theoretische Schwierigkeit ist, wird hier gutes Zureden schon nützen.

Voraussetzung für die Annahme des Geschenkes sollte allerdings sein, daß von der Logik nicht verlangt wird, sie solle nun etwa auch die Metamathematik mit übernehmen und als Logik anerkennen. Manche Mathematiker sind heute Möchte-gern-Philosophen geworden und bieten der Logik nicht nur die moderne formale Logik an, sondern gleich z. B. noch eine Ontologie, eine Sprachphilosophie oder gar eine Vernunftkritik, so als ob das auch alles mathematisch bewiesen sei. Hier möchte ich doch dringend empfehlen, die formale Logik dankbar von den Mathematikern anzunehmen, alles andere aber ebenso höflich wie bestimmt abzulehnen.

Die Mathematiker sind ausschließlich für Formeln zuständig. Jeden Satz, in dem irgendein Wort der philosophischen Tradition vorkommt – und erschiene es noch so harmlos –, muß dagegen die Philosophie in ihre eigene Verantwortung übernehmen.

Und hier eröffnet sich nun in der Tat ein weites Feld. Die Philosophie ist – wie wir jetzt auf 2500 Jahre rückblickend feststellen können – gegenwärtig erstmals im sicheren Besitz eines funktionierenden Werkzeugs für ihre Arbeit. Trotz der Unsumme von Scharfsinn und Tiefsinn, der im Verlauf der Geschichte schon für die Philosophie aufgewendet worden ist, hat sie bisher immer noch nicht – wie Kant sagte – den sicheren Gang einer Wissenschaft eingeschlagen. Und zwar ist sie m. E. bisher immer an logischen Schwierigkeiten gescheitert. Das logische Problem, wie wissenschaftliche Sätze zu begründen sind, zeigt seine Tücke ja gerade darin, daß jeder Versuch einer Lösung in wissenschaftlich zu begründenden Sätzen scheitern muß, logischnotwendigerweise scheitern muß.

Wenn ich meine These, daß die Logik interlingual ist, noch einmal unterstellen darf, so haben wir aber in der Möglichkeit einer Begründung der formal-logischen Regeln, ohne solche schon zu benutzen, einen Ausweg aus dem Zirkel.

Die Logik enthält auf diese Weise einen neuen Ansatz für die Probleme der tradierten Philosophie, soweit sie in wissenschaftlich begründeten Sätzen zu lösen sind.

Erlauben Sie mir bitte – statt diesen Ansatz auszuführen* – nur zum Schluß anzumerken, daß es mir fernliegt zu meinen, das Ziel der Philosophie bestehe allein darin, zu solchen Sätzen zu

* Vgl. dazu jetzt: W. Kamlah, P. Lorenzen, Logische Propädeutik, Mannheim 1967.

kommen. Die Philosophie, sofern sie über die Wissenschaft hinausgeht, zielt nicht auf Sätze, sondern auf den philosophierenden Menschen selbst. Und zwar nicht dadurch, daß er zu irgendwelchen Zielen überredet werden soll, sondern gerade dadurch, daß er selbst lernt, alles, was über solche Ziele gesprochen wird, auf seine Begründbarkeit zu prüfen.

Wer daher fragen sollte, ob das ein lohnendes Ziel sei, Philosophie zu lernen - und ob das überhaupt lernbar sei –, dem könnte ich nur, damit er überhaupt einen Anfang findet, die mephistophelische Antwort geben:

»Mein teurer Freund, ich rat Euch drum,
zuerst Collegium Logicum.«

Methodisches Denken

I

Motto: Wenn man die Menschen lehrt, *wie* sie denken sollen und nicht ewighin, *was* sie denken sollen: so wird auch dem Mißverständnis vorgebeugt. Es ist eine Art von Einweihung in die Mysterien der Menschheit. Lichtenberg

Zur Zeit Platons war es noch umstritten, ob die Mathematiker berechtigt seien, an den Anfang ihrer Untersuchungen gewisse Sätze zu stellen – diese werden bei Aristoteles Axiome genannt –, als ob sie, wie Platon sagt, weder sich noch anderen Rechenschaft darüber ablegen müßten. Es ist überliefert, daß Eudoxos den Versuch unternommen hat, alle geometrischen Sätze auf Definitionen allein zurückzuführen. Bei Euklid finden sich noch Spuren dieser Versuche, aber seit Aristoteles und Euklid gilt unbestritten die sogenannte axiomatische Methode als die einzig wissenschaftliche Methode.

Sie ist in zwei Thesen zu formulieren:

1. Unser Wissen baut auf gewissen undefinierten Grundbegriffen auf, alle weiteren Sätze sind mit ihrer Hilfe zu definieren.
2. Für die Grundbegriffe gelten gewisse unbewiesene Grundsätze, die Axiome, alle weiteren Sätze sind mit ihrer Hilfe zu beweisen.

Die cartesischen Regulae ad directionem ingenii wiederholen diese Thesen im wesentlichen – und so ist die Wissenschaft des 17. Jahrhunderts weithin darauf gerichtet, neben die tradierte euklidische Geometrie neue axiomatische Theorien zu setzen, zunächst die Mechanik, aber wie etwa bei Spinoza und Hobbes auch Ethik und Politik.

Interessanterweise zeigt die eigene Geometrie von Descartes, die sogenannte analytische Geometrie, schon Züge, die dieser Methodologie nicht entsprechen. Die analytische Geometrie re-

duzierte geometrische Probleme auf algebraische, damit also auf die indisch-arabische Kunst des algorithmischen Rechnens.
Dieses algorithmische Rechnen, allgemeiner die Arithmetik, stützt sich nicht auf Axiome. Das war jedenfalls die neuzeitliche Auffassung, denn nirgendwo finden wir arithmetische Axiome ausgesprochen. Die Grundlagen der Arithmetik bleiben dabei allerdings ungeklärt, es ist nur so viel deutlich, daß es sich hier stets um ein Operieren mit künstlichen Symbolen handelt, das etwas ganz anderes ist als das logische Deduzieren von Sätzen, die aus natürlichen Wörtern bestehen.
Nur Leibniz erkannte schon damals die Gleichartigkeit zwischen beiden und nahm damit die modernen Logikkalküle voraus.
Wie allerdings eine Wissenschaft möglich sein soll, die noch von den Axiomen Rechenschaft ablegen kann, λόγον διδόναι, diese nicht leichte Frage Platons wird erst bei Kant in seiner Transzendentalphilosophie ernsthaft in Angriff genommen.
Das Schicksal der kantischen Philosophie ist jedoch bekannt: ihr großartiger Impuls führte, speziell bei Hegel, weitab von dem Problem der methodischen Sicherung exakten Wissens.
Nur so ist es m. E. zu verstehen, daß gegen Ende des 19. Jahrhunderts die axiomatische Methode, so als ob Kant nie gelebt hätte, wieder zu Ehren kommt und nun sogar, dank der Entwicklung der modernen Logik, mit einem solchen Anspruch auf Ausschließlichkeit auftritt, daß sogar die Arithmetik als nichts anderes als eine axiomatische Theorie aufgefaßt wird.
Im logischen Positivismus ist diese Methodologie dann als ein Instrument benutzt worden, um alle Philosophie und allgemeiner alle Geisteswissenschaft, die nicht nach dieser Methode vorgeht, als unwissenschaftlich zu verfemen.
Orientiert man sich an der gegenwärtigen Naturwissenschaft, so scheint in der Tat auch kein anderer Ausweg zu bleiben. Unvoreingenommen betrachtet, ist aber die Frage nach der Methode unseres Denkens nun wirklich keine naturwissenschaftliche Frage. Gewiß kann man darauf verzichten, sie zu stellen – aber wenn man sie sich stellt, dann fällt sie in den Bereich der Geisteswissenschaften. Unser Denken ist ja eine menschliche

Leistung; wenn wir nach seiner Methode fragen, so müssen wir versuchen, auch diese Methode als eine menschliche Leistung zu *verstehen.*
Aber welches ist die Methode, nach der wir etwas verstehen lernen? Es sieht zunächst so aus, als ob hier nur eine Verschiebung der Frage stattfindet: Statt mit der Methode des Denkens haben wir es jetzt mit der Methode des Verstehens zu tun, statt mit der Logik haben wir es mit der Hermeneutik zu tun.
Trotzdem hat diese Verschiebung der Fragestellung im 19. Jahrhundert uns zu einer Einsicht geführt, die es mir aussichtsreich erscheinen läßt, die Frage nach der Methode unseres Denkens, worin ich jetzt das Verstehen einschließen möchte, erneut aufzunehmen.
Die Reflexion auf die Hermeneutik von Schleiermacher bis Dilthey hat bei diesem zu dem bemerkenswerten Satz geführt: »Hinter das Leben kann die Erkenntnis nicht zurückgehen.« Es liegt mir völlig fern, zu meinen, man könne eine Einsicht in *einem* Satze einfangen. Trotzdem läßt sich der Diltheysche Satz wohl ansehen als eine Formel, in der eine grundlegende Änderung zur Philosophie festgehalten ist, die sich im 19. Jahrhundert angebahnt hat und die sich in der Gegenwart – außerhalb des Positivismus jedenfalls – durchzusetzen beginnt. Die Feuerbachsche Wendung zum Primat der Praxis ist zwar durch Marx politisch sehr wirksam gewesen, aber für die Erkenntnistheorie ist nichts dabei gewonnen worden. Erst im Anschluß an Dilthey und Husserl haben Misch einerseits und Heidegger andererseits deutlich gemacht, was das heißt, daß das Denken vom Leben, von der praktischen Lebenssituation des Menschen, auszugehen hat. Alles Denken ist eine Hochstilisierung dessen, was man im praktischen Leben immer schon tut. Der Philosoph mißversteht sich nicht mehr – wie es in der Neuzeit seit Descartes und Locke üblich war – als ein Bewußtsein, das erst durch Empfindungen, Anschauungen und Verstandesschlüsse Kenntnis von der Welt nehmen muß. Die Welt ist ihm vielmehr das unmittelbar Vor- oder Zuhandene. Ich möchte das so ausdrücken: Die Philosophie hat eine neue Unmittelbarkeit gewonnen.

Das klingt sehr hoffnungsvoll, aber es wäre wohl verfrüht, diesem Neuansatz, der von den Geisteswissenschaften ausgeht, schon große Chancen zuzusprechen. Das an den Naturwissenschaften orientierte Denken übt gegenwärtig – gerade auch in den Wissenschaften, die sich mit dem Menschen beschäftigen – einen starken, vielleicht sogar noch wachsenden Einfluß aus.
Und von dort wird man skeptisch fragen, wie denn nun die Philosophie von ihrer angeblichen Neuen Unmittelbarkeit aus vorgehen wolle, nach welcher Methode sie endlich einmal zu sicheren Resultaten gelangen wolle.
Es muß zugegeben werden, daß auch keine Hermeneutik als eine mitteilbare Lehre möglich ist, die nicht schon von logischem, allgemeiner von methodisch-geordnetem Denken Gebrauch macht. Bei Geisteswissenschaftlern ist es üblich, sich an dieser Stelle der Erörterung auf den hermeneutischen Zirkel, d. h. auf die notwendige Zirkelhaftigkeit unseres Verstehens zurückzuziehen. Die Suche nach einem methodischen Anfang unseres Denkens wird als eine rationalistische Illusion dargestellt, in der nur die – so betrachtet – naiven Naturwissenschaftler mit ihrem Fortschrittsglauben noch befangen seien.
Merkwürdigerweise ist dies letzte durchaus nicht überall der Fall. Der logische Positivismus hat sich seit den dreißiger Jahren, vor allem bei Tarski, Carnap und Quine, eine Auffassung unseres Denkens und Sprechens zu eigen gemacht, die ebenfalls auf eine unausweichliche Zirkelhaftigkeit hinausläuft.
Für die logistische Philosophie stellt sich das Problem in der Form, daß nach einer Begründung der Wissenschaftssprache gefragt wird. Speziell die Regeln der Logik werden dabei als syntaktische Regeln dieser Sprache aufgefaßt. Die Antwort wird am deutlichsten in einem Bilde gegeben, nach dem die Sprache mit ihren syntaktischen Regeln ein Schiff sei, in dem wir uns befinden – unter der Bedingung, daß wir nie einen Hafen anlaufen können. Alle Reparaturen oder Umbauten des Schiffes sind auf hoher See auszuführen.
Natürlich trifft dieses Bild manches richtig, aber es wird von der logistischen Philosophie explizit dazu gebraucht, die Suche nach

einem methodischen Anfang des Denkens zu unterbinden. Zu einer Wissenschaftssprache, die – um auch wirklich wissenschaftlich zu sein – als ein Kalkül darstellbar sein müsse, gehöre zwar eine Semantik, d. h. eine Interpretation der Kalkülsymbole, aber für diese Semantik müsse immer schon eine Sprache, genannt die Metasprache, zur Verfügung stehen. Praktisch fungiert als Metasprache dann eine der natürlichen Sprachen – aus diesem Boot könne eben niemand aussteigen.

Hier zeigt sich eine Koinzidenz zwischen Hermeneutik und Logistik. Beide Schulen verzichten darauf, unser Denken methodisch aufzubauen. Aus dieser Koinzidenz zu schließen, daß der Verzicht wohl auch notwendig sei, hieße aus einem bloßen Faktum zu schließen. Es erscheint mir hier vielmehr erforderlich, angesichts dieser Koinzidenz doppelt vorsichtig zu sein.

Der vorhin zitierte Diltheysche Satz, daß die Erkenntnis nicht hinter das Leben zurückgehen könne, darf jedenfalls – das möchte ich als erstes bemerken – nicht als Beweis für die Notwendigkeit des Verzichts auf einen methodischen Anfang unseres Denkens (oder Erkennens) in Anspruch genommen werden. Es wird ja nur gesagt, daß dieser Anfang nicht hinter dem Leben gesucht werden dürfe.

Man wird jedoch einwenden, daß das Leben, also die praktische Lebenssituation, in der wir uns immer schon befinden, ehe wir beginnen, Wissenschaft zu treiben oder gar zu philosophieren, auch einschließt, daß wir schon eine natürliche Sprache mit all ihrer Syntax benutzen. Das ist zuzugeben, aber es bedeutet nicht, daß wir gezwungen wären, diese natürliche Sprache mit ihren Regeln an den Anfang eines geplanten methodischen Aufbaus zu setzen.

Betrachten wir die natürliche Sprache als ein auf See befindliches Schiff, so können wir unsere Situation auch folgendermaßen darstellen:

Wenn es kein erreichbares Festland gibt, muß das Schiff schon auf hoher See gebaut sein; nicht von uns, aber von unseren Vorfahren. Diese konnten also schwimmen und haben sich – irgendwie aus etwa herumtreibendem Holz – wohl zunächst ein Floß gezimmert, dieses dann immer weiter verbessert, bis es heute ein so komfortables Schiff geworden ist, daß wir gar nicht mehr den Mut haben, ins Wasser zu springen und noch einmal von vorn anzufangen.

Für das Problem der Methode unseres Denkens müssen wir uns aber in einen Zustand ohne Schiff, d. h. ohne Sprache versetzen und müssen versuchen, die Handlungen nachzuvollziehen, mit denen wir – mitten im Meer des Lebens schwimmend – uns ein Floß oder gar ein Schiff erbauen könnten.

Da dieser Versuch weder in die hermeneutische noch in die logistische Philosophie hineinpaßt, kann ich mich im folgenden auf keine Autorität mehr stützen. Es bleibt mir nichts anderes mehr übrig, als den Aufbau selbst hier und jetzt vorzuführen.

Eine letzte Vorbemerkung wird aber noch nötig sein. Es könnte nämlich jemand vermuten, ich wolle jetzt gleich aufhören, deutsch zu sprechen, weil ich für den methodischen Aufbau ja keine Metasprache voraussetzen wolle. So ist es nicht gemeint. Aber ich werde die deutsche Sprache im folgenden nur dazu verwenden, zu beschreiben, was man zu tun hätte, wenn man eine Sprache methodisch lehren wollte. Diese Beschreibung ließe sich ersetzen durch einen praktischen Unterricht, wie ihn Kinder zu bekommen hätten, die noch nicht sprechen können. Umgekehrt wird hier das, was ich sage, nur diesen praktischen Unterricht ersetzen.

Wenn ich dazu gelegentlich an Allbekanntes über natürliche Sprachen erinnere, dient das nur dazu, Sie, die ja solche Sprachen schon kennen, schneller ins Bild zu setzen.

Ausgehen möchte ich von der Feststellung, daß alle natürlichen Sprachen, etwa Chinesisch, Hopi, Ewe oder wovon immer die Linguisten uns berichten, die Möglichkeit bieten, Sätze syntaktisch zusammenzusetzen. Ich nehme diese Feststellung nur zum Anlaß, um nach Sätzen zu fragen, die nicht syntaktisch zusammengesetzt sind. Diese Fragestellung ist – strenggenommen – nur sinnvoll, wenn sie auf eine bestimmte Sprache bezogen ist, aber in jeder Sprache gibt es ein Äquivalent für die im Deutschen syntaktisch einfachsten Sätze der Form »dies ist so« bzw.

»dies ist nicht so«. Sätze dieser Form mögen *Grundaussagen* heißen. Schon solche Grundaussagen sind allerdings aus Subjekt und Prädikat zusammengesetzt. Methodisch gehen ihnen daher noch voran Einwortsätze, in denen das Subjekt durch die Situation, eine hinweisende Geste oder ähnliches ersetzt ist, so daß also nur das Prädikat auszusprechen ist. Eine Neueinführung von Prädikaten ist jederzeit möglich durch hinreichend viele Beispiele und Gegenbeispiele. Ich möchte das die exemplarische Einführung von Prädikaten nennen. Welche Dinge »Stuhl« genannt werden, welche nicht, wann etwas »sauber« genannt wird, wann nicht, das haben wir alle durch exemplarische Einführung gelernt. Ich rekurriere nicht auf eine kinderpsychologische Tatsache – weder auf eine wissenschaftliche Feststellung der Ontogenese noch gar der Phylogenese des Sprechens kommt es hier an – nur daß wir selbst die Möglichkeit haben, Prädikate exemplarisch einzuführen, möchte ich in Erinnerung bringen.
Daß der Gebrauch von Prädikaten auf Grund bloßer exemplarischer Einführung noch sehr unbestimmt ist, ist selbstverständlich. Trotzdem ist dies ein möglicher Anfang des Sprechens.
Wird ein Prädikat gebraucht, so ist immer schon ein Einzelnes intendiert, dem dieses Prädikat zu- oder abgesprochen wird. Dieses Einzelne braucht deshalb noch keinen Eigennamen zu haben. Ein Kind lernt z. B. normalerweise erst das Prädikat »Puppe«, ehe es seinen Puppen Eigennamen gibt.
Haben wir Eigennamen und Prädikate zur Verfügung, so können wir Grundaussagen zusammensetzen. Subjekte sind die Eigennamen für Einzelnes, und das Prädikat wird dem Einzelnen durch die Kopula – im Deutschen sind das die Wörter »ist« bzw. »ist nicht« – zu- bzw. abgesprochen.
Nur Aussagen über Einzelnes, die zudem *nur ein* Prädikat haben, sollen Grundaussagen heißen. Es werde allerdings zugelassen, daß mehrere Subjekte vorkommen, wie z. B. in dem Satz »Max und Moritz sind verwandt«.
Die Formen der Grundaussagen sind also folgende:

affirmativ $s_1, \ldots, s_n \; \varepsilon \; P$

negativ $s_1, \ldots, s_n \; \varepsilon' \; P$

Hierin sind $s_1, \ldots, s_n$ Variable für Subjekte; P ist eine Prädikatvariable.

Jede natürliche Sprache enthält Möglichkeiten, auf diese Weise Einzelnes zu prädizieren. Ob das – wie im Deutschen – mit einer Kopula geschieht oder ohne, spielt für das methodische Denken keine Rolle. Mit jedem Prädikat der Sprache wird eine Unterscheidung getroffen: Das Einzelne, dem das Prädikat zugesprochen wird, wird unterschieden von dem Einzelnen, dem das Prädikat abgesprochen wird.

Hier im Bereich der Grundaussagen, wo unmittelbar über Einzelnes gesprochen wird, hier ist ein Bereich, wo das Denken gut daran tut, sich weitgehend von den tradierten Sprachen führen zu lassen. Die Sprachen haben für uns schon eine Fülle, gelegentlich auch Überfülle, von Unterscheidungen getroffen. Erst die Sprache hat unsere Welt gebildet, kann man mit Recht im Sinne Humboldts sagen. Für dieses ererbte Geschenk der Sprache hat aber auch das Goethesche Wort: »Erwirb es, um es zu besitzen!« seinen vollen Ernst.

Die erste methodische Sicherung des Gebrauchs von Prädikaten durch Angabe von affirmativen und negativen Grundaussagen engt unser Denken durchaus nicht positivistisch auf das unbeteiligt Beobachtbare ein. Auch für die Unterscheidung von Ganzheiten unserer Lebenswirklichkeit, wie etwa von Stileinheiten, muß gefordert werden, daß man methodisch mit Beispielen anfange. Hier muß der Lernende selber teilnehmen an einem Sinnganzen, etwa an einem Herstellungsprozeß oder an einem Spiel, um die Unterschiede verstehen zu können. Er muß sich zumindest einfühlen, wie man sagt. In allen Fällen aber gilt gleichermaßen, daß man sich *um die Sache* bemühen muß, wenn man die zu lernenden Unterscheidungen verstehen will – jeder nur individuelle Wortgebrauch soll ja methodisch ausgeschlossen werden.

Die exemplarisch eingeführten Prädikate liefern ein System von Unterscheidungen, das jetzt als eine Basis für das weitere dienen kann. Für diese Basen möchte ich den Terminus »Distinktionsbasen« verwenden.

Es entsteht so die Aufgabe, zu untersuchen, wie man von einer Distinktionsbasis aus, also mit Grundaussagen als einzigem sprachlichen Mittel, das Denken ausbauen kann. Die natürliche Sprache hält dafür eine reiche Syntax, z. B. die logischen Partikel, Präfixe, Infixe und Suffixe zur Wortbildung u. ä. bereit.
Wollen wir methodisch vorgehen, so müssen wir uns auch solche Hilfsmittel erst selbst erwerben. Wir müssen eine rationale Syntax konstruieren. Die Berufung auf eine natürliche Syntax soll dabei ausgeschlossen sein. Dadurch unterscheidet sich unser Vorhaben von der Semantik der Logistik, da diese letztlich auf die Syntax der natürlichen Sprachen zurückgreift.
Als ein erster Schritt, der über die Grundaussagen hinausführt, ist eine Einengung der Unbestimmtheit möglich, die den Prädikaten der Distinktionsbasis auf Grund ihrer bloß exemplarischen Einführung anhaftet.
Für diesen Schritt, der uns zu Begriffen führen wird, muß ich – der hier vorgeschlagenen Methode getreu – zunächst Beispiele geben. Nehmen wir also an, gewisse Prädikate, die im Deutschen etwa durch

Lebewesen, Mensch, Tier, Pflanze, Rabe

wiederzugeben wären, seien bisher nur exemplarisch eingeführt. Der Gebrauch dieser Prädikate kann nun durch *Regeln* näher bestimmt werden. Sie werden ohne weiteres verstehen, welche Regeln gemeint sind, wenn ich die folgende Figur anzeichne:

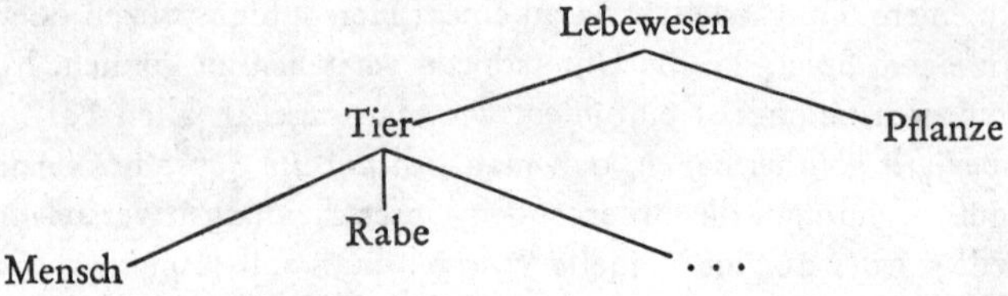

Explizit lassen sich die Regeln für die Prädikate: Lebewesen, Tier und Pflanze z. B. so anschreiben:

$$x \;\varepsilon\; \text{Tier} \Rightarrow x \;\varepsilon\; \text{Lebewesen}$$
$$x \;\varepsilon\; \text{Pflanze} \Rightarrow x \;\varepsilon\; \text{Lebewesen}$$

$$
\begin{array}{llll}
 & x \;\varepsilon\; \text{Tier} & \Rightarrow & x \;\varepsilon'\; \text{Pflanze} \\
 & x \;\varepsilon\; \text{Pflanze} & \Rightarrow & x \;\varepsilon'\; \text{Tier} \\
x \;\varepsilon\; \text{Lebewesen},, & x \;\varepsilon'\; \text{Tier} & \Rightarrow & x \;\varepsilon\; \text{Pflanze} \\
x \;\varepsilon\; \text{Lebewesen},, & x \;\varepsilon'\; \text{Pflanze} & \Rightarrow & x \;\varepsilon\; \text{Tier}
\end{array}
$$

Solche Regeln sind keine allgemeinen Sätze, deren Verständnis hier noch unerklärlich bleiben müßte. Es sind vielmehr praktische Anweisungen, die vorschreiben, von gewissen Sätzen zu anderen überzugehen. Das Zeichen $\Rightarrow$ (Pfeil) wird *exemplarisch eingeführt* zur Mitteilung solcher Übergänge. Das Handeln nach diesen Regeln kann praktisch eingeübt werden. Die Regeln sind keine Befehle oder Erlaubnisse, genausowenig wie es die Regeln eines Spieles sind. Diese Regeln sind vielmehr Bestandteile der zu erlernenden Sprache, des Sprachspiels, wie Wittgenstein sagt. Liest man $\Rightarrow$ als »Wenn – dann«, so heiße dieses Wenn – dann das *praktische* Wenn – dann.
Man kann den Gebrauch der obigen Prädikate auch anders regeln, z. B. so, daß die Menschen keine Tiere mehr sind.
Hier nach dem »wahren« Regelsystem zu suchen, *ehe* man solche Regeln anwendet, ist vergeblich: man muß mit irgendwelchen Regeln anfangen, erst die spätere Reflexion kann zu Verbesserungsvorschlägen führen. Platon vergleicht die Situation treffend mit der Kochkunst: man muß lernen, das Wild in den Gelenken zu zerteilen.
Als ein Beispiel für ein Regelsystem von Prädikaten aus dem geisteswissenschaftlichen Bereich möchte ich das folgende anführen:

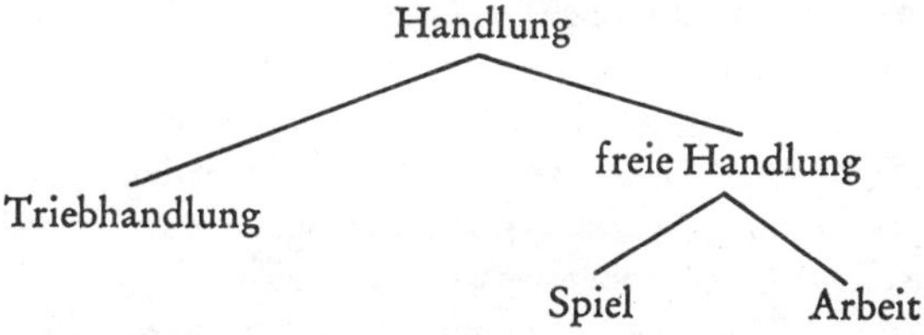

Ehe man über den Begriff der Freiheit zu diskutieren beginnt, sollte man sich vergewissern, ob etwa dieses Regelsystem gemeinsam anerkannt wird oder ob – was ja sehr häufig ist – die Handlungen im wesentlichen nur eingeteilt werden in angenehme und unangenehme und die Möglichkeit angenehmer Handlungen dann als Freiheit verstanden wird.

Ehe man sich um solche Regelsysteme streitet, muß man erst einmal zur Kenntnis nehmen, daß es sich überhaupt um Regeln handelt.

Durch Regeln wird der Gebrauch von exemplarisch eingeführten Prädikaten näher bestimmt. Die Regeln betreffen immer mehrere Prädikate, die sich auf diese Weise gegenseitig näher bestimmen: sie bilden dann ein System von Prädikaten. Hat man z. B. die obigen Bestimmungen über die Prädikate »Spiel« und »Arbeit« getroffen, dann kann man keine Handlung mehr gleichzeitig ein Spiel und eine Arbeit nennen, auch dann nicht, wenn dieses auf Grund der exemplarischen Einführung der Prädikate naheliegen würde. Es bleibt aber jederzeit die Möglichkeit, aufgrund neuer Exempel das gebrauchte Regelsystem abzuändern.

Die hier angeführten Beispiele von Regeln über Prädikate liefern sogenannte Begriffspyramiden, wie sie durch die platonische διαίρεσις entstehen. Es gibt daneben noch andere Typen von Prädikatsystemen, etwa den Typ der Polarität. Ein einfaches Beispiel liefert die Schwarz-Weiß-Reihe, in der es sich um eine lineare Anordnung von Prädikaten über die Grau-Töne handelt. Komplexere Typen ergeben sich bei den sogenannten Normbegriffen, wie gesund, rein, gerecht usw. Man kann die Prädikate, die für Abweichungen von der Norm gebraucht werden, dabei so anordnen, daß sie alle nach einer Seite abweichen – wenn etwa die Gerechtigkeit als ein Ideal aufgefaßt wird, hinter dem jede wirkliche Handlung zurückbleibt. Man kann die Abweichungen aber auch so anordnen, daß die Norm in der Mitte steht. Dieser Typ ist insbesondere von Aristoteles für die ethischen Tugenden verwendet worden.

Auf welche Weise aber auch immer Prädikate durch die Wahl von Regeln zu einem System verbunden werden, immer bekommt jedes Prädikat dadurch außer seiner exemplarischen

Einführung zusätzlich einen *Stellenwert* im System. Was dies bedeutet, muß ich methodisch sagen. In einem System ist es aufgrund der Regeln möglich, sogenannte Ableitungen durchzuführen; z. B. ist in dem oben angedeuteten System aus der Aussage »dies ist ein Rabe« die Aussage »dies ist ein Lebewesen« ableitbar:

1. $\varkappa$ ε Rabe
2. $\varkappa$ ε Tier
3. $\varkappa$ ε Lebewesen

Ist in einem System aus $\varkappa \varepsilon P$ die Aussage $\varkappa \varepsilon Q$ ableitbar, so heiße Q aus *P* ableitbar. Dies hängt nur von den Regeln des Systems ab, nicht von der exemplarischen Einführung der Prädikate. Von dem exemplarischen Gebrauch wird jetzt abstrahiert. In komplizierteren Systemen kann es vorkommen, daß Q sich als ableitbar aus *P* ergibt und auch umgekehrt *P* als ableitbar aus Q. *P* und Q heißen dann im System *gleichwertig*. Wir sagen dann auch, daß die Prädikate *P* und Q »denselben Begriff darstellen«. Dadurch wird die Rede von Begriffen methodisch eingeführt. Man nennt das eine Abstraktion. Häufig werden die Begriffe als *Bedeutungen* der Prädikate eingeführt, wobei man die Bedeutung in Analogie zur Bedeutung von Eigennamen auffaßt. Ein Eigenname bezeichnet oder bedeutet einen Gegenstand, hierin liegt nichts Problematisches, weil das gerade die Funktion der Eigennamen ist. Ob aber auch die Prädikate eine Bedeutung haben, wird in der modernen Logik viel diskutiert; man hat sogar den alten Universalienstreit zwischen Realismus und Nominalismus dazu wieder ausgegraben. In der hier vorgetragenen methodischen Ordnung ist die Rede von Begriffen aber kein Problem. Wir haben bisher gesagt, was es heißen soll, daß zwei Prädikate denselben Begriff darstellen. Wir haben uns nun zu überlegen, wie wir von den Begriffen selber sinnvoll reden können. Dazu müssen wir festlegen, wie wir zu Prädikaten über Begriffe gelangen.

Das geschieht dadurch, daß wir zunächst Prädikate über Prädikate, also Prädikatenprädikate, einführen. Die Einteilung der Prädikate in kurze und lange z. B. erfolgt exemplarisch. Wir setzen das Prädikat, über das gesprochen werden soll, wie üblich, in Anführungsstriche und erhalten so etwa

»lang« ε kurz
»Prädikatenprädikat« ε lang
»kurz« ε' lang

Wir betrachten nun Prädikatenprädikate, die dann, wenn sie für ein Prädikat *P* gelten, auch für jedes gleichwertige Prädikat Q gelten. Solche Prädikatenprädikate mögen »invariant« heißen. Ein Beispiel eines invarianten Prädikatenprädikats ist das zweistellige »ist ableitbar aus«.

Von Begriffen zu sprechen heißt nun, von allem zu abstrahieren, wodurch sich gleichwertige Prädikate unterscheiden, und das heißt also, sich auf invariante Prädikatenprädikate zu beschränken. Ist *R* ein invariantes Prädikatenprädikat, so schreiben wir statt $'P' \varepsilon R$ jetzt $/P/ \varepsilon R$ und lesen dieses:

Der Begriff *P* ist *R*.

Das Wort »Begriff« deutet hier an, daß von *P* ein invariantes Prädikatenprädikat ausgesagt wird.

In dieser Beschränkung auf invariante Aussagen liegt das Wesen der Abstraktion.

Durch die Abstraktion wird das System von Prädikaten zu einem Begriffssystem. Die konstituierenden Regeln des Begriffssystems mögen daher »Begriffsbestimmungen« heißen. Im Bild gesprochen sind die Begriffssysteme die ersten Floße, die wir – selbst noch schwimmend – erbauen.

Diese Begriffslehre ist keine Lehre von Seiendem, keine Ontologie, die Begriffe werden vielmehr als etwas unserem Handeln Zugehöriges eingeführt: Sie werden nicht ontologisch, sondern operativ interpretiert. Ferner ist die hier vorgetragene Begriffslehre nicht wie bei Aristoteles mit der Logik verschmolzen. Die Logik als Lehre von den logischen Partikeln ist ein neuer Schritt, der jetzt erst noch zu vollziehen ist.

Wie können logische Partikeln methodisch in die bisher aufgebaute Sprache eingeführt werden? Ausgangspunkt ist wieder ein Rückgriff auf die praktische Situation, in der wir sprechen. Wir denken uns zwei Personen, die beide dasselbe Begriffssystem, etwa das obige, verwenden und die einen Dialog miteinander führen. Was bedeutet es, wenn der eine z. B. behauptet: »Alle Raben sind Lebewesen«? Eine solche Behauptung ist jedenfalls ganz etwas anderes als eine zum Begriffssystem gehörige Regel. In der aristotelischen Logik wird unsere Aussage: »alle Raben sind Lebewesen« als eine logische Beziehung zwischen den Begriffen Rabe und Lebewesen aufgefaßt. So merkwürdig es klingt, ist es erst in der modernen Logik – und hier vor allem dank der Untersuchungen von Frege in seiner »Begriffsschrift« von 1879 – deutlich geworden, daß eine solche Aussage mit Hilfe von logischen Partikeln aus *Grundaussagen* zusammenzusetzen ist, und zwar auf eine Weise, die man im Deutschen etwa so formulieren kann:

Für alle x: Wenn $x \varepsilon$ Rabe, dann $x \varepsilon$ Lebewesen
Symbolisch: $\bigwedge \varkappa \, (x \varepsilon \text{Rabe} \rightarrow x \varepsilon \text{Lebewesen})$
$\bigwedge \varkappa \, (x \varepsilon \text{R} \rightarrow x \varepsilon \text{L})$

Die Zusammensetzung geschieht hier mit zwei logischen Partikeln, dem Junktor »wenn – dann« und dem Quantifikator $\bigwedge$ (kürzer: Quantor) »für alle«. Der Sinn dieser Partikeln muß aber noch festgelegt werden, und dazu müssen wir die Verwendung solcher zusammengesetzten Aussagen in Dialogen festlegen.

Eine Aussage zu behaupten heißt sich anheischig zu machen, sie gegen den Dialogpartner, den Opponenten, zu verteidigen. Damit solches Behaupten und Verteidigen überhaupt möglich ist, müssen wir festlegen, wie die logischen Partikeln dafür zu verwenden sind.

Der Gebrauch des Wortes »alle« im Deutschen legt nahe, für den Allquantor $\bigwedge$ die folgende Verwendung festzulegen: Der Opponent darf ein x wählen, etwa »Hans«, und dann ist vom ersten Sprecher, dem Proponenten der Aussage, die neue Aussage (Hans ε Rabe $\rightarrow$ Hans ε Lebewesen) zu verteidigen. Hierfür muß noch die Verwendung des logischen Junktors $\rightarrow$ festgelegt werden. Dies geschieht mit Hilfe des praktischen Wenn – Dann folgendermaßen:

Wenn der Opponent die Wenn-Aussage »Hans ε Rabe« behauptet – und diese Behauptung verteidigen kann –, dann hat der Proponent die Dann-Aussage »Hans ε Lebewesen« zu behaupten.

Dadurch, daß wir es hier das eine Mal mit dem logischen Wenn – Dann und das andere Mal mit dem praktischen Wenn – Dann zu tun haben, wird ein Zirkel oder ein unendlicher Regreß von Metasprache zu Metasprache vermieden.

Bei der Behauptung von primitiven Aussagen, wie den hier vorkommenden »Hans ε Rabe«, »Hans ε Lebewesen« dürfen wir annehmen, daß die Dialogpartner sich darüber einigen werden, ob die Behauptung zu Recht gemacht ist oder nicht, ob sie wahr ist oder nicht, wie man sagt.

In unserem Falle wird sogar der Proponent den Dialog gewinnen, also recht behalten, ganz unabhängig davon, wer dieser Hans ist, d. h. unabhängig davon, welche Behauptungen über Hans zu Recht bestehen. Denn wenn der Opponent behauptet hat, »Hans ε Rabe«, dann kann der Proponent seine Behauptung »Hans ε Lebewesen« durch eine bloße Berufung auf die Begriffsbestimmungen verteidigen. Nach diesen Begriffsbestimmungen ist ja die Aussage »Hans ε Lebewesen« aus der Aussage »Hans ε Rabe« ableitbar. Diese Ableitung ist, so wollen wir sagen, ein *Beweis* der Behauptung. Der Beweis benutzt nur die Begriffsbestimmungen, dagegen keinerlei Kenntnisse von einzelnen Gegenständen wie Hans.

Manche Aussagen können sogar so verteidigt werden, daß man noch nicht einmal auf Begriffsbestimmungen zurückgreifen muß. Ein triviales Beispiel ist »alle Raben sind Raben«, allgemeiner jede Aussage der Form

$$\bigwedge x \,(x \,\varepsilon\, P \rightarrow x \,\varepsilon\, P)$$

Der Dialog spielt sich nämlich so ab:

Opponent	Proponent
	$\bigwedge x \,(x \,\varepsilon\, P \rightarrow x \,\varepsilon\, P)$
? s	$s \,\varepsilon\, P \rightarrow s \,\varepsilon\, P$
$s \,\varepsilon\,$ P	$s \,\varepsilon\, P$

Eine Aussage, die *auf Grund ihrer Form allein* verteidigt werden kann, heißt eine logisch-wahre Aussage. Unter der *Form* einer Aussage wird dabei die Art und Weise ihrer Zusammensetzung mit den logischen Partikeln verstanden. Ich möchte noch ein weiteres Beispiel geben, in dem gleichzeitig weitere logische Junktoren $\vee$ = oder, $\dot{\wedge}$ = und, $\neg$ = nicht) vorkommen. Jede Aussage der Form $a \vee b \dot{\wedge} \neg a \rightarrow b$ (*wenn a oder b und* nicht *a*, *dann b*) ist logisch wahr. Diese logische Wahrheit ergibt sich *nicht* daraus, weil die Aussagen dieser Form jedem, der Deutsch versteht, so selbstverständlich klingen, sondern ergibt sich daraus, daß diese Aussagen im Dialog in der Tat stets zu gewinnen sind. Der Dialog verläuft so:

	Opponent		Proponent	
(1)			$a \vee b \dot{\wedge} \neg a \rightarrow b$	
(2)	$a \vee b \dot{\wedge} \neg a$		L ?	
(3)	$a \vee b$		?	
(4)	a	b	R ?	b
(5)	$\neg a$		a	

In der Zeile (2) muß der Opponent den Wenn-Satz von »Wenn $a \vee b \dot{\wedge} \neg a$, dann b« behaupten, also $a \vee b \dot{\wedge} \neg a$. Wie der Punkt über $\wedge$ andeutet, ist dies eine Konjunktion aus $a \vee b$ und $\neg a$. Der Dialogpartner, jetzt der Proponent, darf nach dem linken (L ?) und dem rechten (R ?) Glied der Konjunktion fragen. Er fragt in Zeile (2) nach dem linken Glied $a \vee b$. Dies wird von dem Opponenten in Zeile (3) behauptet. Der Proponent bezweifelt dies (?), und der Opponent darf jetzt (gemäß dem Sinn von $\vee$) selbst wählen, ob er das linke Glied a oder das rechte Glied b von $a \vee b$ verteidigen will. Dadurch entstehen zwei Fälle. Im ersten Fall entscheidet sich der Opponent in Zeile (4) für a. Der Proponent fragt nach dem rechten Glied von $a \vee b \dot{\wedge} \neg a$ und der Opponent muß in Zeile (5) mit $\neg a$ antworten. Dies kann der Proponent durch die Behauptung von a (das vom Opponenten selbst behauptet ist!) widerlegen. Im ersten Fall gewinnt also der Proponent.

Der zweite Fall besteht darin, daß der Opponent sich in Zeile (4) für *b* entscheidet. Hier haben wir einen einfachen Beweis für eine logische Wahrheit. Die einzelnen Schritte des Beweises gründen sich nicht auf Axiome, sondern auf die Definitionen der logischen Partikeln, und das heißt: auf die Festlegung ihrer Verwendung im Dialog.

So einfach diese Beispiele sind und so einfach die logischen Partikeln zu übersehen sind (es gibt genau sechs Partikel $\wedge$, $\vee$, $\rightarrow$, $\neg$, $\bigwedge$, $\bigvee$), lassen sich durch iterierte Zusammensetzung mit diesen sechs Partikeln schon beliebig komplizierte Formen zusammenstellen. Man hat beweisen können, daß man keine Rechenmaschine bauen kann, die jede Frage nach der logischen Wahrheit von Formeln beantworten kann. Das ist ein Resultat, das mathematisch sehr interessant ist. Von der Logistik wird es sogar gern als ein Prunkstück ihrer neuen Philosophie dargestellt.

Hat man einmal die logischen Partikeln zur Verfügung, können Definitionen im üblichen Sinne, die ich genauer »*analytische* Definitionen« nennen möchte, verwendet werden. Z. B. kann man »Schimmel« definieren durch

$$x \, \varepsilon \, \text{Schimmel} \leftrightharpoons x \, \varepsilon \, \text{Pferd} \bigwedge x \, \varepsilon \, \text{weiß}.$$

Solche analytischen Definitionen sind grundsätzlich entbehrlich, sie kürzen nur einen logisch zusammengesetzten Ausdruck ab. Ist das zu definierende Prädikat schon vor der Definition exemplarisch eingeführt, so ist die Definition eine neue Art von Begriffsbestimmung. Während man in der natürlichen Sprache nie weiß, ob der Dialogpartner gewisse Exempel, Regeln oder Definitionen mit einem Prädikat verbindet oder nicht, ist der Sinn der methodischen Sprachkonstruktion gerade der, stets zu garantieren, daß darüber keine Zweifel bestehen können.

Statt auf die sich hier ergebenden Probleme der formalen Logik einzugehen, möchte ich lieber skizzieren, wie wir unser erstes aus Begriffssystemen und formaler Logik zusammengezimmertes Boot, in dem wir auf dem Lebensmeere schon etwas sicherer fahren, weiter ausbauen können.

II

Die Ausgangssituation, in die sich gegenwärtig die Bemühung um methodisches Denken gestellt sieht, ist – wie ich schon ausführte – die folgende:
Sowohl die hermeneutische als auch die logistische Philosophie verzichten bewußt auf einen methodischen Anfang unseres kritischen Denkens. Der Grund dafür ist u. a. in dem Diltheyschen Satz zu finden, daß die Erkenntnis nicht hinter das Leben zurückgehen könne. Versteht man hier unter »Leben« zugleich den Besitz einer natürlichen Sprache, in dem man sich immer schon vorfindet, so erscheint dieser Verzicht notwendig. Man kann aber, ohne hinter das Leben zurückzugehen, doch eine Trennung vornehmen von dem, was man immer schon so dahinspricht, und dem, was man jetzt methodisch und kritisch zu reden beginnen wolle. Man kann also versuchen, die Logik, die man vorfindet, zu verstehen, indem man sie methodisch rekonstruiert: Das ist das Programm einer hermeneutischen Logik. Es ist aber zugleich die Sprache der Hermeneutik selbst erst methodisch zu gewinnen: Das ist das Programm einer logischen Hermeneutik.
Vergleichen wir unsere Lebenssituation mit der eines Schiffbrüchigen, so handelt es sich um die Aufgabe, uns, mitten im Meer, ein Schiff zu erbauen. Die ersten Planken sind Prädikate, mit denen wir irgendwelche sich uns zufällig anbietende Unterschiede zunächst an einigen Beispielen fixieren. Durch Regeln verbinden wir die Prädikate zu Begriffssystemen. Fügen wir noch die logischen Partikeln hinzu, deren Sinn aus der dialogischen Situation all unseres Redens heraus festgelegt werden kann, so ist schon – wie mir scheint – ein gutes Stück Arbeit geleistet. Der Weg von hier Schritt für Schritt bis zu Meisterwerken geisteswissenschaftlicher Prosa oder bis zu den Formeln einer physikalischen Theorie ist zwar noch lang – er mag auch noch manche Überraschungen bergen –, aber ein Anfang ist wenigstens gemacht.

Die Syntax der natürlichen Sprachen ist erheblich reicher als die Logik mit ihren sechs Partikeln. Mehreres, wie die Verwendung eines bestimmten oder unbestimmten Artikels, wird gegenwärtig meistens in der formalen Logik mitbehandelt, obwohl es sich hier um Teile einer rationalen Syntax handelt, da die Grundaussagen nicht einer formalisierten Sprache anzugehören brauchen, sondern Grundaussagen mit exemplarisch bestimmten Prädikaten sein können.

Anderes, wie etwa die Syntax der Zeitwörter, d. h. der Wörter, die mit Zeitbestimmungen verschmolzen sind, braucht nicht in einer rationalen Syntax rekonstruiert zu werden, weil es sich durch Adverbien ersetzen läßt – und diese können als Prädikate höherer Stufe rekonstruiert werden.

Man kann sich das Grundsätzliche schon an ganz einfachen Beispielen klarmachen. Wenn etwa ein Vogel singt und wir sagen: »Der Vogel singt«, so haben wir es hier nicht mit einer Grundaussage zu tun, weil das Subjekt kein Eigenname ist. Wir haben es vielmehr mit zwei Prädikaten zu tun. Das erste Prädikat dient dazu, den Gegenstand, von dem das zweite Prädikat ausgesagt werden soll, zu kennzeichnen. Das wird im Deutschen durch den bestimmten Artikel angedeutet, im Lateinischen fehlt der Artikel: avis cantat. Der Sinn dieser Konstruktion wird deutlich, wenn wir etwa so umschreiben: Das, was ein Vogel ist, singt. Formalisiert erhalten wir $\iota_x (x \varepsilon P) \varepsilon$ Q. Um Aussagen dieser Form methodisch einzuführen, also ohne Rückgriff auf die deutsche Syntax, vergegenwärtige man sich, wie etwa Kinder vom Gebrauch solcher Einwortsätze wie »Vogel«, »singt« zu dem zusammengesetzten Satz »Vogel singt« gelangen. Damit das erste Prädikat einen Eigennamen ersetzen kann, ist erforderlich, daß aus der Situation – allgemeiner: aus dem Kontext – hervorgeht, daß das Prädikat eindeutig einen Gegenstand kennzeichnet.

Nehmen wir zu unserem Beispiel noch ein weiteres Prädikat, etwa »schön«, hinzu, so entstehen schon mehrere Möglichkeiten, die im Deutschen z. B. wiedergegeben werden durch:

Der schöne Vogel singt
Daß der Vogel singt, ist schön
Der Vogel singt schön

Im ersten Falle handelt es sich um eine logische Konjunktion, der Gegenstand wird dadurch gekennzeichnet, daß er ein Vogel ist *und* daß er schön ist. Im zweiten Falle dagegen ist »schön« ein Prädikat über einen Sachverhalt. Sachverhalte entstehen durch eine Abstraktion aus Aussagen ganz entsprechend zu der Entstehung von Begriffen aus Prädikaten. Eine solche Prädikation über einen Sachverhalt liegt auch vor, wenn man im Deutschen z. B. sagt: »Der Vogel singt wirklich.« Hier handelt es sich also nur scheinbar um ein »Adjektiv« zu Singen.

Es dürfte ersichtlich sein, daß sich eine rationale Syntax, einmal in Gang gekommen, weiter ausbauen läßt. Das Prinzip ist immer dieses, daß beim methodischen Aufbau niemals auf eine schon vorhandene Sprache zurückgegriffen werden darf. Man kann zwar – wie in den Metasprachen der Semantik – stets über die schon aufgebaute Sprache sprechen, aber die sprachlichen Mittel dieses Über-Sprache-Sprechens müssen nach denselben Methoden wie die Mittel der Grundsprache eingeführt werden. Nur der Gegenstand der Metasprache ist ein anderer: Man unterscheidet statt z. B. zwischen Menschen und Tieren jetzt zwischen Subjekten und Prädikaten. Die Metasprache ist die Sprache der Reflexion auf die Grundsprache, ihre syntaktischen Hilfsmittel dürfen niemals der Grundsprache vorauseilen.

Der Sinn der Konstruktion einer rationalen Syntax liegt darin, daß wir nur dadurch unser eigenes Denken und Sprechen verstehen lernen. Dieses Prinzip, daß wir nur das verstehen, was wir selber herstellen können, führt uns – wenn wir nach seinem historischen Ursprung fragen – in ganz andere Zusammenhänge als die der Hermeneutik. Dies Prinzip spielt zwar bei Vico eine große Rolle, es tritt aber auch bei Kant als ein entscheidendes Motiv seiner Transzendentalphilosophie auf: »Wir verstehen aber« – so sagt Kant einmal – »nichts recht als das, was wir zugleich machen können, wenn uns der Stoff dazu gegeben würde.«

Dieser Wille zum rechten Verständnis ist von Descartes über Kant bis zum Ende des vorigen Jahrhunderts die wichtigste Triebfeder der Naturwissenschaften. Erst die moderne Physik – man kann die Anfänge allerdings schon bis zur sogenannten Entdeckung der nichteuklidischen Geometrien und bis zur Konstituierung der Elektrodynamik als des ersten nicht auf Mechanik reduzierbaren Teiles der Physik zurückverfolgen – erst die moderne Physik bringt den positivistischen Verzicht auf das Verstehen. Es soll nur noch »beschrieben« werden. Oder man begnügt sich sogar mit einer »empirischen Bewährung« unverstandener Regeln, die noch nicht einmal mehr den Anspruch erheben, etwas zu beschreiben.

Nun mag es manchem Physiker nicht schwerfallen, auf das Verstehen zu verzichten, für die Hermeneutik bleibt auf jeden Fall die Aufgabe, den Physiker zu verstehen. Auch die Physik ist ja eine menschliche Leistung.

Ich will hier keine Physik vortragen – aber die Möglichkeit von exakter Wissenschaft muß ich verständlich machen, um die Meinung zu widerlegen, der Ansatz des Denkens vom praktischen Leben aus sei höchstens für die Geisteswissenschaften relevant.

Zunächst handelt es sich darum, die reine Mathematik zu verstehen. Reine Mathematik bedeutet dabei die Arithmetik in all ihren Verzweigungen, wie Differential- und Integralrechnung, Funktionentheorie usw., aber unter Ausschluß der Geometrie.

In modernen Lehrbüchern baut man die Arithmetik axiomatisch auf. Die Herkunft der Axiome der Arithmetik bleibt dabei dunkel. Sie sind – wie schon angedeutet – erst Ende des vorigen Jahrhunderts formuliert. Das wäre eigentlich überflüssig gewesen, denn vorher hatte Kant deutlich gemacht, woher unser exaktes Wissen über Zahlen stammt: nämlich daher, daß wir die Zahlen selber konstruieren.

Man kann zwar einzelne Zahlwörter exemplarisch einführen und kann dann eventuell Begriffsbestimmungen oder analytische Definitionen hinzufügen: zu der unendlichen Folge der Zahlen kommt man so niemals. Diese entsteht durch Konstruktion. In der einfachsten Form beginnt man mit einem Zahlzeichen / und fährt nach der Regel fort, daß an jedes Zeichen *n* ein weiterer Strich anzufügen ist: $n \Rightarrow n\,/$. Es ist zwar nicht möglich, nach dieser Regel beliebig viele Zeichen, etwa 10^{100} praktisch herzustellen; aber nur deshalb nicht, weil unser Leben zu kurz ist, der Kreidevorrat zu klein o. ä. – – nach der Regel allein sind beliebig viele Zeichen theoretisch möglich, wie man sagt. Den Sinn des Terminus »theoretisch möglich« muß man, falls man ihn noch nicht kennt, gerade an solchen Beispielen wie diesem lernen.

Die Konstruktionsvorschrift $\Rightarrow /$

$$n \Rightarrow n\,/$$

liefert, wie ich in freiem Anschluß an Kant sagen möchte, eine *synthetische Definition* des Zahlbegriffs. Hinzu kommt allerdings noch eine Abstraktion, die von Zahlzeichen zu den Zahlen selbst führt, aber das ist hier nicht wichtig. Durch synthetische Definitionen werden auch die Rechenoperationen eingeführt. Es wird definiert, wie man z. B. Additionen und Multiplikationen auszuführen hat, nämlich so:

$$\Rightarrow \frac{m + /}{m\,/} \qquad \Rightarrow \frac{/ \cdot n}{n}$$

$$\frac{m + n}{p} \Rightarrow \frac{m + n\,/}{p\,/} \quad \frac{m \cdot n}{p}, \frac{p + n}{q} \Rightarrow \frac{m\,/ \cdot n}{q}$$

Die Sätze der Arithmetik sind logische Folgerungen aus diesen Definitionen, d. h. solche Sätze, die sich aufgrund dieser Regeln im Dialog gegen jedermann verteidigen lassen. Sie sind nichtanalytische Sätze, weil sie nicht aus analytischen Definitionen deduziert werden: sie sind synthetische Sätze. Sie sind zudem synthetische Sätze a priori, weil sie nicht durch Erfahrungen widerlegt werden können. Die synthetischen Definitionen ermöglichen ja erst das Zählen von wirklichen Dingen.

Für die höhere Arithmetik, die sogenannte Analysis, ist die Situation methodisch grundsätzlich nicht anders. Es kommen nur kompliziertere Konstruktionsvorschriften hinzu. In den Lehrbüchern der Mathematik steht das allerdings nicht, dort steht nur, daß die Mathematik eine axiomatische Wissenschaft sei. Das ist nämlich die Meinung, zu der man als Patentlösung der Grundlagenkrise, die um 1900 mit den sogenannten Widersprüchen der Mengenlehre akut wurde, gekommen ist.
Diese Grundlagenkrise hat eine längere Vorgeschichte. Sie beginnt mit der pythagoreischen Entdeckung inkommensurabler Strecken, findet ihre erste Lösung durch Eudoxos – diese ist uns im 5. Buch der Euklidischen Elemente erhalten –, tritt aber im 17. Jahrhundert mit neuer Schärfe in der damals entstehenden neuzeitlichen Infinitesimalmathematik wieder auf. Die Erfolge der neuen Mathematik in den Anwendungen drängten die Probleme einer strengen Begründung zunächst zurück. Erst seit dem 19. Jahrhundert gibt es den Typ des reinen Mathematikers, der sich um keinerlei Anwendungen kümmert. Damit beginnt auch die sogenannte Grundlagenforschung der Mathematik. Man versuchte sich klar darüber zu werden, was man denn da eigentlich mit der neuzeitlichen Mathematik geschaffen hatte.
Der auffälligste Unterschied gegenüber der antiken Mathematik ist die konsequente Verwendung von Symbolen. Schon die Objekte dieser Mathematik sind Symbolkonstruktionen. Hatten die Griechen nur die Grundzahlen 1, 2, 3, ... benutzt, allenfalls noch rationale Zahlen wie $^2/_3$, $^3/_5$ ..., so hatte man jetzt in den Dezimalbrüchen etwas viel Unheimlicheres, nämlich Unendliches, als *Objekt* vor sich. Ein Dezimalbruch ist ja nichts anderes als eine spezielle unendliche Folge rationaler Zahlen. An Stelle unendlicher Folgen kann man auch unendliche Mengen betrachten. Ich beschränke mich hier der Einfachheit halber auf Mengen aus Grundzahlen. Die entscheidende Frage ist: Was ist eine Menge? Ich gebe zunächst eine an Weyl anschließende häretische Antwort.
Hat man in der Arithmetik Formeln mit einer freien Variablen x für Grundzahlen, z. B. $x > 2$ oder $x + 1 > 3$, so kann es –

wie hier – der Fall sein, daß verschiedene Formeln $A(x)$ und $B(x)$ für dieselben Zahlen x wahr sind. Das bedeutet natürlich nur, daß arithmetisch $A(x) \longleftrightarrow B(x)$ gilt. Wir sagen dann, daß die Formeln »dieselbe Menge darstellen«, und schreiben

$$\varepsilon_x A(x) \quad = \quad \varepsilon_x B(x)$$

Der Übergang von den Formeln zu den Mengen ist eine Abstraktion, die sich nach demselben Schema durchführen läßt, das wir schon bei den Begriffen kennengelernt haben.

Für die Zahlen und die Mengen wird anschließend die Elementrelation ε definiert durch

$$y \ \varepsilon \ \varepsilon_x A \ (x) \rightleftharpoons A(y)$$

Alle Mengen werden hiernach durch Formeln dargestellt – und was für Mengen es gibt, hängt davon ab, was für Formeln zur Verfügung stehen. In der Arithmetik können Primformeln durch synthetische Definitionen, wie im Fall der Addition und Multiplikation, eingeführt werden. Weitere Formeln werden daraus logisch zusammengesetzt. Die so entstehenden Mengen bilden – wie ich es nennen möchte – eine Schicht von Mengen über den Grundzahlen. Die Größe der Schicht hängt von unserer Konstruktion der Formeln ab, sie kann daher stets erweitert werden.

Gegenüber dieser konstruktiven Mengenlehre gehen die axiomatischen Mengenlehren folgendermaßen vor. Sie nehmen, neben den Zahlvariablen $x, y, \ldots$, eine weitere Sorte von Variablen, etwa $M, N, \ldots$, genannt Mengenvariable, und fügen zur Arithmetik neue Formeln $x \ \varepsilon \ M$ hinzu. Mit den arithmetischen Formeln werden aus ihnen dann weitere Formeln logisch zusammengesetzt, wobei dieses Mal neben den Zahlquantoren $\bigwedge_x$, $\bigvee_x$ auch Mengenquantoren $\bigwedge_M$, $\bigvee_M$ benutzt werden können. Ist $A(x)$ eine solche Formel, die wieder eine freie Zahlvariable x enthalte, so wird das folgende Komprehensionsaxiom gefordert

$$\bigvee_M \bigwedge_x . \ x \ \varepsilon \ M \longleftrightarrow A(x).$$

Dieses Axiom erscheint harmlos: Interpretiert man nämlich M als Variable für die Mengen, die in einer Schicht von Mengen über den Grundzahlen vorkommen – und enthält die Formel $A(x)$ keinen Mengenquantor! –, so gehört $\varepsilon_x A(x)$ tatsächlich zur Schicht. Das obige Axiom fordert aber, daß die Schicht so konstruiert sei, daß eine Menge M mit $x \varepsilon M \longleftrightarrow A(x)$ auch dann in ihr vorhanden ist, wenn in der Formel $A(x)$ Mengenquantoren vorkommen. Eine solche Schicht zu konstruieren, ist bisher nicht gelungen. Man kann sich für dieses Axiom also nicht auf eine konstruktive Theorie berufen, wie man das bei den Axiomatisierungen der Arithmetik tun kann. M. E. folgt daraus, daß die axiomatischen Mengenlehren ein bloßes Phantasieprodukt sind.

Was man tut, ist nichts anderes, als daß man eine axiomatische Theorie aufstellt, die als Formelsymbole solche Zeichen wie $x \varepsilon M$ benutzt, wobei ε uninterpretiert bleibt. Da man beliebige axiomatische Theorien aufstellen kann, ist dagegen nicht viel einzuwenden, es bleibt bloß Sinn und Zweck dieses Tuns völlig dunkel. Sollte man dagegen in Zukunft einmal Schichten von Mengen konstruieren können, für die die Axiome wahr sind, so würde dadurch natürlich zugleich eine axiomatische Grundlegung der Mengenlehre überflüssig.

Stellt man sich die hermeneutische Frage, wie es denn zu verstehen sei, daß die axiomatischen Mengenlehren trotz ihrer offensichtlichen Unverständlichkeit von der modernen Mathematik als alleinseligmachende Lehren anerkannt sind, so greift man leider in ein Wespennest von Vorurteilen der modernen Wissenschaft. Diese Theorien seien ästhetisch befriedigend, oder sie seien empirisch bewährt, das sind noch die harmloseren Antworten. Aggressiver wird schon die Gegenfrage, ob man etwa an der modernen Physik zweifeln wolle, denn diese stütze sich ja bekanntlich auf die Infinitesimalmathematik.

Gewiß stützt sich die Physik auf die neuzeitliche Mathematik, aber nirgendwo ist bewiesen, daß die Physik mit einer verstehbaren (konstruktiven) Infinitesimalmathematik nicht *noch besser* florieren würde als z. Z. mit einer unverstandenen (axiomatischen) Mathematik. Daß sich die Axiome der Mengenlehre aus empirischen Beobachtungen ergeben, wird ja noch nicht einmal von den dogmatischen Empiristen behauptet.

Das Problem des Zusammenhangs von Mathematik und Physik beginnt schon in der Geometrie sich bemerkbar zu machen, vor allem im sogenannten Kontinuumproblem. Ortsbewegungen sind der anschauliche Prototyp von Kontinuen, sekundär sind dann auch Raum- und Zeitstrecken kontinuierlich.

Das Bemerkenswerteste am Kontinuumproblem ist dies, daß es schon seit über 2000 Jahren gelöst ist. Die Lösung steht im 6. Buch der Physik des Aristoteles – – aber sie wird augenscheinlich nicht zur Kenntnis genommen. Das Kontinuum (συνεχές) wird von Aristoteles definiert als διαιρετόν εἰς ἀεὶ διαιρετά, als ein in immer wieder Teilbare Teilbares. Die Teile müssen hiernach immer wieder Kontinuen sein, d. h. die Teile – als Ganze genommen – sollen vom Ganzen ununterscheidbar sein. Auf einer Strecke z. B. sind hiernach beliebige Teilpunkte möglich – ob wir die Teilpunkte als rationale Punkte oder als Grenzpunkte von Folgen rationaler Punkte konstruieren, ist dabei ganz irrelevant.

Nach den Mengentheoretikern soll dagegen eine Strecke eine Menge von Punkten sein, so daß jeder Teilmenge wieder ein Punkt zugeordnet werden kann, etwa als untere Grenze. Das Komprehensionsaxiom enthält auf diese Weise Existenzforderungen für Punkte – – und man meint damit gerade das Kontinuierliche einer Strecke »beschrieben« zu haben. »Das alles ist ... evidenter Unsinnn« sagt Weyl einmal dazu.

Die Schwierigkeit liegt m. E. weitgehend darin, daß schon darüber Unklarheit herrscht, was überhaupt eine Theorie des Räumlichen, eine Geometrie sein kann. Die Geometrie ist uns von Euklid als eine axiomatische Theorie überkommen, nicht als eine konstruktive Theorie. Die Geometrie ist ihrem Wesen nach auch keine konstruktive Theorie. Hier haben wir es nicht mehr wie in der Logik, Arithmetik und Mengenlehre mit einem Operieren mit selbsterzeugten Symbolen zu tun.

Natürlich kann man jede axiomatische Theorie als einen bloßen

Formalismus auffassen. Das empfiehlt sich auch für gewisse Untersuchungen – aber gar nicht für den Versuch, die Geometrie als eine menschliche Leistung zu verstehen.
Die moderne Physik faßt die Geometrie als eine physikalische Theorie auf, d. h. als eine empirische Theorie der Lagen starrer Körper. Die Schwierigkeit liegt dabei darin, den Begriff des starren Körpers zu definieren. Zur Prüfung der Starrheit eines Körpers braucht man, wenn man keine Geometrie hat, schon physikalische Kenntnisse, diese kann man aber nur durch Messungen gewinnen, vor allem durch geometrische Messungen – und dazu braucht man schon starre Körper. Man entgeht diesem Zirkel, wenn man die uns von den Griechen überkommene Geometrie weder als eine bloß formale Theorie noch als eine empirische physikalische Theorie versteht, sondern – kantisch gesprochen – als eine Theorie der Bedingungen, die erst Messungen des Räumlichen ermöglichen.
Zu diesen Bedingungen gehört, daß wir Körper, die als starre Körper zum Messen benutzt werden sollen, also z. B. Meßstäbe, auf ihre Starrheit prüfen können. Das gelingt dadurch, daß wir zunächst nur auf die Formen der Körper achten. Alle Körper sind begrenzt von Flächenstücken, diese von Kurvenstücken – und diese schließlich von Punkten. Unter den begrenzenden Flächenstücken werden wir niemals solche finden, die vollkommen eben sind. Im Begriff der Ebenheit begegnen wir nämlich einer neuen Art von Begriffsbildung. Führte man die Ebenheit nur exemplarisch ein, eventuell mit anschließenden Begriffsbestimmungen, so bliebe unverständlich, warum mit immer verfeinerter Meßtechnik immer genauere Verifikationen der geometrischen Sätze erzielt werden. Die Ebenheit ist etwas anderes als die bisherigen Begriffe, sie ist – wie schon die Rede von der vollkommenen Ebenheit anzeigt – das, was Platon eine Idee nannte. An eine ebene Fläche stellen wir nämlich eine Forderung: alle ihre Punkte sollen ununterscheidbar sein. Diese Ununterscheidbarkeit bedeutet – das hat Leibniz zuerst formuliert – eine Homogenität: alles, was für einen Punkt der Ebene gilt, soll auch für jeden anderen ihrer Punkte gelten. Noch ex-

pliziter: Gilt eine Aussage $A(E,P)$ über eine Ebene E und einen ihrer Punkte P, so soll für jeden anderen ihrer Punkte P' die Aussage $A(E,P')$ gelten. Für die Ebene wird also ein Homogenitätsprinzip gefordert:

$$P \varepsilon E \wedge P' \varepsilon E \wedge A(E,P) \rightarrow A(E,P')$$

Durch diese Homogenität allein ist die Ebene noch nicht definiert, aber wir haben mit dem Homogenitätsprinzip schon einen ersten Satz einer synthetisch-apriorischen Geometrie: Synthetisch deswegen, weil es sich wieder nicht um analytische Definitionen handelt, apriorisch deswegen, weil die Meßstäbe als notwendige Bedingung der Möglichkeit von Messungen erst mit Hilfe der Idee der Ebene definiert werden – – und schließlich handelt es sich um Geometrie, nicht um eine bloß formale Theorie, weil die Homogenität von den begrenzenden Flächen wirklicher Körper handelt. Ebene Flächen werden nach dieser Idee, wie zuerst Dingler erkannt hat, in praxi hergestellt, z. B. durch das bekannte Abschleifverfahren von drei grob vorgeebneten Platten.

Nimmt man nur zwei Platten zum Abschleifen, so entstehen Kugelflächen. Zur Idee der ebenen Fläche gehört noch die Ununterscheidbarkeit der beiden Seiten der Fläche.

Durch Homogenitätsprinzipien können nicht nur die Ebenen definiert werden, sondern auch noch andere räumliche Formen z. B. die Orthogonalität und die Parallelität.

Jeder, der mit geometrischen Instrumenten, wie etwa dem Rechtwinkellineal, umgegangen ist, weiß, was ein rechter Winkel sein soll (nämlich ununterscheidbar von seinem Nebenwinkel), und er weiß, was parallele Geraden sein sollen (alle Punkte beider Geraden sollen ununterscheidbar sein). Entsprechend zur Ebene lassen sich daher auch die Formen des rechten Winkels und des parallelen Geraden-Paars durch Homogenitätsprinzipien festlegen.

Diese Prinzipien bilden bei einem methodischen Aufbau der Geometrie den Anfang. Sie können auch als Axiome einer Theorie betrachtet werden, nämlich dann, wenn man die Tat-

sache, daß sie Forderungen an Punkte, Linien und Flächen wirklicher Körper sind, unberücksichtigt läßt.
Daß die drei erwähnten Grundformen der Ebene, Orthogonalität und Parallelität ausreichen, um darauf die ganze Geometrie zu begründen, läßt sich elementar einsehen. Es läßt sich nämlich mit Hilfe dieser Grundformen definieren, wann zwei Strecken gleich lang heißen sollen. Dazu sind zunächst Parallelogramme zu definieren: in ihnen sind gegenüberliegende Seiten gleich lang. Im Spezialfall des Rhombus, der durch orthogonale Diagonalen definiert ist, sind sogar alle Seiten gleich lang. Durch Parallelogramm und Rhombus kann man dann beliebige Strecken darauf prüfen, ob sie gleich lang sind.

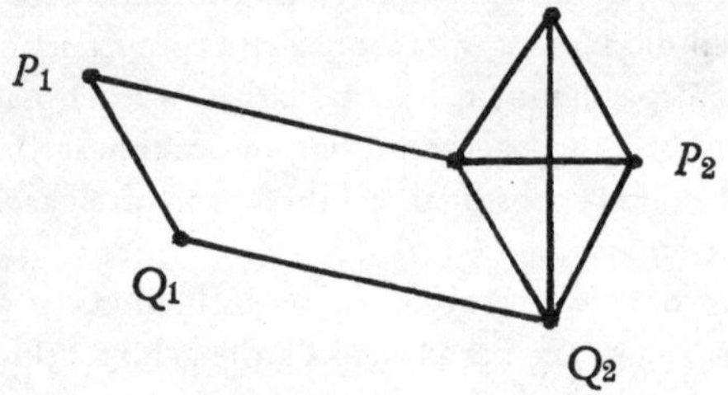

Damit ist dann der starre Körper definierbar: jede auf ihm durch zwei Punkte markierte Strecke muß bei jeder Bewegung des Körpers gleich lang bleiben.
Mit dem starren Körper können wir schließlich die Längenmessung definieren, und wenn wir z. B. eine Ebene möglichst genau herstellen, darin einen rechten Winkel und tragen einmal 3 Einheiten, einmal 4 Einheiten ab,

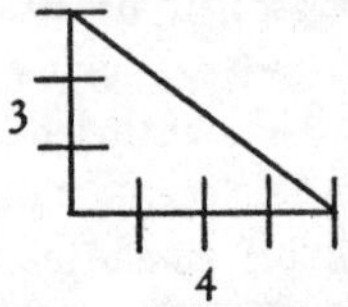

so werden wir die Länge der Hypotenuse zu 5 Einheiten finden. Das kann man – im Rahmen der Meßgenauigkeit – *vorher* (das ist der schlichte Sinn von a priori) wissen, denn diese Länge von 5 Einheiten folgt logisch aus den Homogenitätsprinzipien, den verwendeten Definitionen und den gemachten Annahmen.

Nach der empiristischen Auffassung der Geometrie darf es das nicht geben: solche apriorischen Sätze. Die logische Möglichkeit der nichteuklidischen Geometrie und allgemeiner die mathematische Theorie der Riemannschen sogenannten gekrümmten Räume beweist allerdings nichts gegen eine apriorische Geometrie. Sie beweist nur, daß noch andere Längenmaße *rein logisch* möglich sind. In der Relativitätstheorie hat man sogar eine neue Längenmessung physikalisch realisiert, und zwar durch die Verwendung von Lichtsignalen. Achtet man auf die methodische Ordnung, in der man dabei vorgehen muß, so zeigt sich, daß die Relativitätstheorie die elektromagnetische Theorie des Lichtes voraussetzt. Und diese setzt ihrerseits die Mechanik voraus, weil ohne diese überhaupt keine Kräfte gemessen werden können. Für die Mechanik braucht man aber schon die Geometrie.

Auch hier zeigt sich also ein Zirkel, wenn man die relativistische Geometrie als die einzig physikalisch sinnvolle Geometrie ausgibt. Dieser Zirkel verwandelt sich aber in eine methodische Ordnung, wenn man mit der euklidischen Geometrie als der Theorie homogener räumlicher Formen anfängt und die Einsteinsche Relativitätstheorie als eine sehr viel spätere Theorie mit einem anderen Anwendungsbereich, nämlich z. B. der optischen Distanzmessung, als eine physikalische Ergänzung, aber nicht als eine geometrische Widerlegung der euklidischen Theorie auffaßt. Diese methodologischen Fragen sind etwas kompliziert, weil die vielen Zwischenschritte zwischen Euklid und Einstein alle mitberücksichtigt werden müssen. Die beiden wichtigsten Schritte sind die Chronometrie, d. h. die Theorie der Zeitmessung und die Mechanik, die Theorie der Massenmessung.

Die Zeit ist ein – wie es scheint – unausschöpfliches Thema der

Philosophie. Aber das Verhältnis von Sein und Zeit steht hier nicht zur Diskussion. Das Problem ist vielmehr die Zeitmessung, es ist die Frage, was wir theoretisch über die Kunst der Uhrmacher zu sagen haben.

Hier wird gern Augustin zitiert, der sagte, er wisse genau, was die Zeit sei, wenn man ihn nur nicht danach frage. M. E. wäre es aufschlußreicher, Aristoteles zu zitieren, bei dem eine konkrete Antwort zu finden ist: ὁ χρόνος ἀριθμός ἐστιν κινήσεως κατὰ τὸ πρότερον καὶ τὸ ὕστερον. »Die Zeit ist die Zahl der Bewegung hinsichtlich des Früher und Später.«

Diese Antwort ist korrekt, denn sie geht nur davon aus, daß man schon Bewegungen kennt und an ihnen schon früher und später unterscheiden kann – diese Prädikate sind in der Tat leicht exemplarisch einzuführen. Die Zeit wird als ein Maß für Bewegungen definiert, aber es wird leider nicht gesagt, wie die Maßzahlen zu gewinnen sind. Insofern ist die aristotelische Bestimmung ergänzungsbedürftig. Es muß noch festgelegt werden, wann zwei Bewegungsvorgänge gleiche Dauer haben. Für Aristoteles war dies kein Problem, weil die Fixsterne für ihn das Urbild gleichförmiger Bewegung, also eine ideale Uhr waren. Wir deuten heute, wie schon die Pythagoreer, den »Umschwung des Himmels« durch die Rotation der Erde – wir haben außerdem Gründe, die Erdrotation für ungleichförmig zu halten, z. B. die Bremswirkung der Flutwelle. Das ist natürlich nur möglich, wenn wir Gründe haben, andere Bewegungen für gleichförmiger zu halten. Auch hier ist ein apriorisches Prinzip, oder eine synthetische Definition, wie ich es lieber nennen möchte, verborgen. Wir nennen bei einem sich wiederholenden Vorgang, z. B. bei Pendelschwingungen, die Dauer der Einzelvorgänge nur dann gleich lang, wenn die Einzelvorgänge ununterscheidbar sind.

Für die Grundbegriffe der Mechanik können wir uns leider keine Auskunft mehr bei Aristoteles holen. Die Begründer der neuzeitlichen Mechanik von Galilei bis Newton geben ebenfalls keine brauchbaren Definitionen – – und so sind die Grundlagen der Mechanik bis heute ein Morast, der von allen Physikern gern gemieden wird. Die mathematischen Theorien – und zwar sowohl die klassische Mechanik als auch die relativistische Mechanik und die Quantenmechanik – sind als mathematische Theorien natürlich einwandfrei. Man weiß diese Theorien auch praktisch anzuwenden, aber es fehlt die theoretische Einsicht in das, was man da eigentlich tut.

Die beste Anregung, hier zu einer Klärung zu kommen, findet sich m. E. bei Weyl. Er schlägt vor, den Impulssatz zur Definition der trägen Masse von Körpern zu nehmen. Stoßen zwei Körper zusammen, etwa unelastisch, so daß sie also nach dem Stoß zusammenbleiben, und sind die Geschwindigkeiten der Körper (relativ zum System der Körper nach dem Zusammenstoß) v_1 und v_2, so wird für ihre Massen m_1 und m_2 die Gleichung $m_1 v_1 = m_2 v_2$ festgesetzt. Es läßt sich historisch wahrscheinlich machen, daß diese Definition der Masse bei Galilei, Descartes und Huygens, wenn sie auch nicht explizit auftritt, eine wichtige Rolle gespielt hat. Es wäre sonst nicht zu verstehen, daß man dem Impulssatz dieselbe apriorische Notwendigkeit wie den Sätzen der Geometrie zuschrieb.

Mit dem Begriff der trägen Masse konnte Newton die Kräfte durch das Produkt von Masse und bewirkter Beschleunigung definieren. Allein aus diesen Definitionen – zu denen nur das Newtonsche Gravitationsgesetz als einziges Naturgesetz hinzukam – ergab sich dann die in ihrer Vollendung mit Recht klassisch genannte neuzeitliche Mechanik.

Auf den Kausalbegriff, der ja nicht aus der Physik, sondern aus dem praktischen Leben stammt, brauche ich hier nicht einzugehen: in den Formeln der Physik kommt er nicht vor. Der Ablauf der Veränderungen eines mechanischen Systems ist eindeutig durch den Anfangszustand bestimmt.

Noch zu Kants Zeiten lag die Vermutung nahe, daß sich die gesamte Mechanik – und damit die ganze Physik – wie die Geometrie aus zugrunde liegenden synthetischen Definitionen deduzieren lassen müsse. Heute ist es dagegen deutlich, daß die Konstituierung der Grundbegriffe nur ein vorbereitender Schritt ist, *nach* dem alles das, was wir Physik nennen – z. B. Elektro-

dynamik, Relativitätstheorie und Quantenmechanik –, erst beginnt. Die Geometrie und die rationale Mechanik gehören nicht zur Physik im modernen Sinne, sondern stellen eine Vorstufe dar, eine *Protophysik*, wie ich es nennen möchte.
Die Frage, ob die empirisch begründeten physikalischen Theorien zu einer Revision der Protophysik führen können – so werden sie in der Tat gegenwärtig aufgefaßt –, ist eine Frage, die typisch zur Grundlagenforschung der Physik gehört.
Um diese Frage als eine für die Methode der Physik entscheidende Frage zu verstehen, wird es nicht genügen, Physik so zu studieren, wie es heutzutage geschieht. Diese Frage liegt im Normalfall außerhalb des Interesses der Physiker. Der Physiker wird – von Ausnahmen abgesehen – diese Frage vielmehr als eine »philosophische« empfinden. Dieses Empfinden beruht auf einer Arbeitsteilung, wie sie im modernen Wissenschaftsbetrieb üblich geworden ist. Sachlich läßt sich die Reflexion auf das, was man tut, wenn man Wissenschaft treibt, jedoch nicht von der Wissenschaft trennen.
Erlauben Sie mir bitte zum Schluß, auf das sich hier aufdrängende Problem der Unterscheidung von Wissenschaft und Philosophie einzugehen. Was ergibt die Reflexion auf die Möglichkeiten des methodischen Denkens für diese gegenwärtig so fragwürdig gewordene Unterscheidung?
Wenn wir aus dem wahrlich komplexen Phänomen der uns überkommenen Philosophie als Kern nur das herausheben, was – zumindest der Absicht nach – sich auf Sätze beschränkt, die methodisch zu gewinnen sind, so ist im Bereich dieses kritischen Denkens sachlich nirgendwo eine Grenze zu ziehen zwischen Wissenschaft und Philosophie. Daß die Reflexion auf die Methode in den Fachwissenschaften z. Z. häufig nicht sehr weit getrieben wird, ist zwar ein Faktum, aber auch nichts als ein Faktum. Es gehört zum Stil der gegenwärtigen Wissenschaft, zum Stil der antiken Wissenschaft gehörte die Unreflektiertheit jedenfalls nicht.
Ich möchte meinen, daß etwa alles das, was ich hier über die Methode unseres Denkens von der rationalen Syntax bis zur

Protophysik ausgeführt habe, keinem Wissenschaftler unzugänglich ist. Man kann geltend machen, daß die Reflexion dann, wenn sie sich auf das erstreckt, was allen Fachwissenschaften gemeinsam ist, z. B. auf die Logik, daß die Reflexion dann nicht mehr zum Fach gehöre. Nun, das ist selbstverständlich so. Auch Lesen und Schreiben gehören aber zu jedem Fache – und sind deswegen doch keine Philosophie.

Die Methodenlehre unseres Denkens kann man weitgehend zur Propädeutik der Wissenschaft rechnen, zum Elementarunterricht, wenn man so will. So geschah es ja auch in den Zeiten, als die Artistenfakultät noch, ohne darüber mehr als nötig gekränkt zu sein, die untere Fakultät genannt wurde.

Seitdem aber aus dieser Artistenfakultät die Naturwissenschaften einerseits, die historisch-philologischen Wissenschaften andererseits hervorgegangen sind, bleibt kein vernünftiger Platz mehr für eine kritische Philosophie, die von der Wissenschaft verschieden ist. Und wenn wir Wissenschaft und Philosophie beide unter den Anspruch stellen, methodisch vorzugehen, kann es einen eigenen Platz für die Philosophie auch nicht geben. Sie kann nicht als kritische Grundlagenforschung von den Wissenschaften abgetrennt werden, und sie kann erst recht nicht etwas sein, was erst nach der Wissenschaft, gleichsam als eine krönende Kuppel des Wissenschaftsgebäudes, kommt. Eine Philosophie, die sich von den Lehrmeinungen der Wissenschaft abhängig macht, muß gegenüber der Wissenschaft unkritisch sein – und hebt sich damit selbst auf.

Ein Unterschied zwischen Philosophie und Wissenschaft bleibt aber bestehen, auch dann, wenn es keinen Satz gibt, den man als methodisches Ergebnis nur der Philosophie, nicht der Wissenschaft zurechnen kann. Dieser Unterschied besteht in der Person des kritisch Fragenden, er besteht in der Absicht, mit der man sich methodisch um Sätze bemüht.

Um dem historisch gegebenen Phänomen der Philosophie gerecht zu werden, muß man nicht nur die Sätze der Philosophie mit denen der Wissenschaft vergleichen, sondern die Philosophen mit den Wissenschaftlern.

Schon innerhalb der Wissenschaft läßt sich zwischen Natur- und Geisteswissenschaftlern der Unterschied bemerken, daß der Geisteswissenschaftler an seinem Gegenstand innerlich beteiligt sein muß, er muß sich einfühlen, z.B. muß er in der Geschichte die Handlungen von Menschen in Gedanken nachvollziehen können, wo der Naturwissenschaftler nur unbeteiligt beobachtet.

Dies Beteiligtsein des Geisteswissenschaftlers kann aber ein geistiges Spiel sein, es kann motiviert sein aus bloßer Freude am Verstehenkönnen -- und zusätzlich noch durch die verschiedensten Antriebe, wie sie von der Psychoanalyse und Soziologie heutzutage so gern ausgemalt werden. Darauf brauche ich hier nicht einzugehen. Ich möchte dagegen einen Typ des Philosophen – man nennt ihn meist den Typ des existentiellen Philosophen – noch abgrenzen von dem Hermeneutiker durch einen ganz anderen Grad von Beteiligtsein an den Ergebnissen seines Denkens. Das Philosophieren, wie es uns die Philosophiegeschichte von Sokrates bis Wittgenstein immer wieder zeigt, läßt sich vom Betreiben einer Wissenschaft dadurch abheben, daß der Philosoph – pathetisch ausgedrückt – sein Leben dabei aufs Spiel setzt, aufs Spiel des Denkens allerdings. Er denkt mit dem Willen, sich in seinem Leben auch nach dem zu richten, was er durch sein Denken herausbringt. Wenn wir dieses dadurch formulieren, daß der Philosoph sich fragt: »Was soll ich tun?«, so ist das auf Grund unserer Tradition mißverständlich. Alles Sollen klingt bei uns zu sehr nach heteronomer Moral.

Formulierungen ohne Sollen geraten dagegen leicht in die zu enge Alternative des Angenehmen oder Nützlichen. Wenn ein Mensch einmal aus der Selbstverständlichkeit seines Verhaltens herausgefallen ist, muß er sich seinen Weg, ob er will oder nicht, selber suchen. Der Philosoph ist derjenige, der sich entschlossen hat, nur den Weg einzuschlagen, der sich durch Denken rechtfertigen läßt. Jede esoterische Lehre ist dadurch ausgeschlossen, weil nur das anerkannt wird, was sich methodisch gegenüber jedem Verständigen verteidigen läßt. Praktisch kann die Philosophie trotzdem zu einer esoterischen Lehre werden, nämlich dann, wenn die Mehrzahl der Mitmenschen sich dogmatisch verhält, sich dem Anliegen der kritischen Frage: »Was sollen wir tun?« von vornherein verschließt.

In der Gegenwart finden wir dogmatisches Verhalten gerade unter Wissenschaftlern häufig. Man ist natürlich innerhalb seiner Wissenschaft kritisch, stellt aber seine Wissenschaft selbst nicht in Frage.

Wenn meine Analyse des methodischen Denkens richtig ist, hat auch der kritische Philosoph nur Denkmethoden zur Verfügung, die jedem hinreichend verständigen Menschen zugänglich sind, die also z. B. jeder, der in einer Fachwissenschaft erfolgreich ist, lernen könnte. Trotzdem läßt sich das Philosophieren nicht lehren, weil es nicht zu erzwingen ist, daß der Lernende das Gelernte auf sein eigenes Leben anwendet – ja, daß er überhaupt bemerkt, daß es um sein eigenes Leben geht.

Leider – so möchte ich fast sagen – kann man sich auch in den Philosophen, der sein Leben aufs Denken setzt, bloß verstehend einfühlen. Man kann das Philosophieren stets als ein Spiel des Geistes mißverstehen.

Philosophieren als der Wille, sein Leben aufs Denken zu setzen, kann nicht gelehrt werden, auch die Reflexion auf die Methoden unseres Denkens führt nicht notwendig zur Philosophie. Aber ohne methodisches Denken ist weder Wissenschaft noch Philosophie möglich.

Logische Strukturen in der Sprache

Gewisse Einzelwissenschaften haben die natürlichen Sprachen – sei es eine oder mehrere, eventuell alle – zu ihrem eigenen Gegenstand, andere Einzelwissenschaften haben dagegen nur ein äußerliches Verhältnis zur Sprache: sie haben einen nichtsprachlichen Gegenstand, etwa Teile der Natur oder historische Ereignisse. In diesem Falle sprechen die Wissenschaftler gewissermaßen nur notgedrungen: nur weil sie ihr Wissen mitteilen müssen.

Das Verhältnis der formalen Logik zur Sprache gleicht weder dem einen noch dem anderen. Der Logiker ist kein Philologe – er ist oft eher ein Misologe, da er gern die natürlichen Sprachen nur als eine Art von wucherndem Unkraut betrachtet. Man kann aber auch nicht sagen, daß er einen nichtsprachlichen Gegenstand als Gegenstand seiner Wissenschaft habe. Eine Definition der formalen Logik, wie die folgende, ist wohl gegenwärtig allgemein anerkannt: Logik ist die Wissenschaft von der Wahrheit von Aussagen auf Grund der Form allein. Ersichtlich bezieht sich hiernach die Logik auf die natürlichen Sprachen. Was sollten denn Aussagen anderes sein als sprachliche Gebilde? Wie hätte es hier Sinn von Wahrheit zu reden, wenn es sich nicht um die Wahrheit von sprachlichen Aussagen handelte? Ich möchte im folgenden trotzdem zeigen, in welchem Sinne die Logik unabhängig von den natürlichen Sprachen ist. Die logischen Strukturen zeigen sich uns nur am auffälligsten in der Sprache, ihre Gültigkeit beruht aber nicht auf dem Faktum, daß in den natürlichen Sprachen solche Strukturen verwirklicht sind. Das ist die These, die ich hier verteidigen möchte.

Der wichtigste Teil der obigen Definition der Logik als der »Wissenschaft von der Wahrheit von Aussagen auf Grund der Form allein« ist der letzte Teil, die Bedingung: auf Grund der Form allein. Um eine erste Vorstellung davon zu vermitteln, was hier mit Form gemeint ist, genügt ein einfaches Beispiel.

Wenn Sokrates sitzt oder steht und wenn Sokrates nicht steht, dann sitzt Sokrates.

Jeder, der hinreichend Deutsch versteht, wird diese Aussage sofort als wahr anerkennen. Darüber hinaus wird er auch verstehen, daß diese Aussage nicht deshalb wahr ist, weil darin von Sokrates und vom Sitzen und Stehen die Rede ist – auch wenn der Inhalt ein beliebig anderer wäre, wenn also nur die Form erhalten bliebe:

Wenn *a* oder *b* und wenn nicht *b*, dann *a*

würde diese Aussage wahr sein. Sie ist wahr auf Grund der Form allein. Wir sagen dafür kurz, daß sie logisch-wahr sei.

Wie dieses Beispiel zeigt, ist es gänzlich unproblematisch, so etwas wie logische Strukturen in der Sprache aufzufinden. Das Problem allein ist vielmehr dieses: Wie kommen diese logischen Strukturen in die Sprache hinein? Sind sie nichts als syntaktische Konventionen der Sprache oder haben sie ihren Rechtsgrund außerhalb der Sprache? Mit meiner These der Sprachunabhängigkeit der Logik möchte ich zeigen, daß die logischen Strukturen, die in der Sprache auftreten, keine syntaktischen Konventionen der Sprache sind.

Was sind sie also dann? Wir wenden uns dazu wieder unserem Beispiel zu. Die Form einer Aussage ist – wie man hier sieht – die Art und Weise ihrer Zusammensetzung aus Grundaussagen. Die Buchstaben *a* und *b* stehen für beliebige solche Grundaussagen, wie »Sokrates sitzt«, »Sokrates steht« usw. Die Zusammensetzung geschieht mit den logischen Partikeln, von denen hier die Junktoren »und«, »oder«, »nicht«, »wenn-dann« auftreten. Zu den logischen Partikeln gehören auch die sogenannten Quantoren – in besserem Latein: die Quantifikatoren – »für alle« und »für einige«.

Diese Erläuterungen zu der Bestimmung »auf Grund der Form allein« beziehen sich alle auf die deutsche Sprache. Es handelt sich im folgenden darum, den logischen Sinn der Junktoren – auf diese will ich mich zunächst beschränken – festzulegen, ohne dabei auf die deutsche Syntax zurückzugreifen. Natürlich soll das nicht heißen, daß ich jetzt aufhören will, deutsch zu schreiben: aber in demselben Sinne, wie etwa das kleine Einmaleins, schriftlich mit den indischen Ziffern, unabhängig von den Eigentümlichkeiten der nationalen Sprachen überall gelehrt wird – und international mit dem gleichen Erfolg –, so könnte es auch mit der Logik geschehen. Um diese Möglichkeit verständlich zu machen, darf ich mich natürlich legitimerweise z. B. der deutschen Sprache bedienen. Unsere Rechenbücher sind ja auch deutsch geschrieben.

Wir müssen uns zunächst mit den Grundaussagen beschäftigen. Wir wissen zwar, daß es auf sie für die Logik nicht ankommt, aber ganz ohne sie geht es selbstverständlich auch nicht. Die einfachste Struktur von sprachlichen Aussagen ist bekanntlich die Subjekt-Prädikat-Struktur, wie sie unser Beispiel »Sokrates sitzt« zeigt. Es wird zunächst ein Gegenstand durch einen Eigennamen, das Subjekt »Sokrates«, benannt. Dem so benannten Gegenstand wird dann ein Prädikat z.B. »sitzt«, »steht«, usw. zugesprochen. Wenn man der Aussage »Sokrates sitzt« das Prädikat »wahr« zuspricht, so bedeutet das nicht mehr und nicht weniger, als daß man bereit ist, dem durch das Subjekt benannten Gegenstand, hier dem Sokrates, das Prädikat der Aussage, hier »sitzt« zuzusprechen.

Bei dem Zusprechen von Prädikaten handelt es sich – leider – oft um Willkür des Sprechenden. In vielen Fällen gibt es jedoch ein objektives Entscheidungsverfahren, um festzustellen, ob die in Frage stehende Grundaussage wahr ist oder nicht. Ich wähle ein nicht-sprachliches Beispiel. Es werde mit einem Würfelbecher und einem Würfel gewürfelt. Der Würfel sei noch durch den Becher verdeckt. Anstelle einer Aussage über den verdeckten Würfel lege jetzt jemand offen einen zweiten Würfel mit einer bestimmten Zahl, etwa der 6, nach oben auf den Tisch. Diese Handlung vertritt eine Aussage: Gegenstand ist der verdeckte Würfel, Prädikat ist die offen nach oben gelegte Zahl. Die Entscheidung über die Wahrheit der Aussage geschieht durch Abheben des Würfelbechers und unmittelbaren Augenschein. Nur wenn der erste Würfel auch eine 6 zeigt, ist die »Aussage« wahr, sonst falsch.

Wie man in allen Lehrbüchern der Logik nachlesen kann, benützt die Logik seit Aristoteles bis heute von den Grundaussagen gerade dieses, daß – irgendwie – darüber entschieden werden kann, ob sie wahr sind oder falsch: Grundaussagen sind »an sich« wahr *oder* falsch. Wir wollen solche Aussagen, auf die dieses zutrifft, *wahrheitsdefinit* nennen.
Eine der wichtigsten Entdeckungen der modernen Logik scheint mir nun – obwohl sie von der Majorität bisher nicht anerkannt wird – die Entdeckung des holländischen Mathematikers Brouwer zu sein, daß wir es gerade da, wo es auf das logische Schließen entscheidend ankommt, nämlich in der Mathematik, nicht nur mit wahrheitsdefiniten Aussagen zu tun haben.
Nehmen wir eine Aussage aus der Arithmetik, etwa:
Einige ungerade Zahlen sind vollkommen.
Die Vollkommenheit von Zahlen ist eine Begriffsbildung, die auf die Pythagoräer zurückgeht. Eine Zahl heißt vollkommen, wenn sie gleich der Summe ihrer echten Teiler ist. Z.B. sind $6 = 1+2+3$ und $28 = 1+2+4+7+14$ vollkommene Zahlen, allerdings gerade vollkommene Zahlen. Niemand kennt aber – jedenfalls bisher – eine ungerade vollkommene Zahl. Vielleicht wird man in Zukunft eine finden. Niemand weiß es: Die Mathematiker konnten diese Möglichkeit bisher nicht ausschließen. Also gibt es kein Verfahren, über die Wahrheit der obigen arithmetischen Aussage zu entscheiden. Sie ist nicht wahrheitsdefinitiv. Behauptet man trotzdem, diese arithmetische Aussage sei »an sich« wahr oder falsch, wenn wir es auch nicht wissen, so ist das eine leere Behauptung. Die Positivisten müßten sie zur Metaphysik rechnen. Das tun sie allerdings nicht, weil sie, jedenfalls als logische Positivisten, bemerkenswerterweise der klassischen Logik gegenüber völlig unkritisch sind. Vielleicht befürchten sie auch, daß die arithmetische Aussage nach ihrem eigenen Kriterium als »sinnlos« klassifiziert werden müßte, wenn man ihre Wahrheitsdefinitheit nicht anerkennt. Sie ist aber auch dann keineswegs sinnlos.
Wenn jemand diese arithmetische Aussage behauptet, wird man ihm ja nicht antworten, man verstehe ihn nicht. Sinnvoller

jedenfalls wäre es, ihn zu fragen, ob er seine Behauptung beweisen könne. Was heißt das hier? Nun, ein Beweisversuch muß so aussehen: Es muß eine ungerade Zahl *n* genannt werden, und es muß entschieden werden, ob diese Zahl *n* vollkommen ist. Jede Aussage der Form »*n* ist vollkommen« ist wahrheitsdefinit, weil nur die Summe der echten Teiler zu berechnen und mit *n* zu vergleichen ist. Wer ein solches *n* nennt, bei dem die Entscheidung affirmativ ausfällt, dessen Beweisversuch ist gelungen – andernfalls mißlungen. Ein gelungener Beweisversuch heißt kurz ein Beweis.

Wir haben hier ein Verfahren, das für jeden Beweisversuch entscheidet, ob er ein Beweis ist oder nicht. Wir wollen die Aussage deswegen *beweisdefinit* nennen.

Auch für die Beweisdefinitheit gibt es nicht-sprachliche Beispiele. Man denke etwa an Kinder, die um die Wette in einem Schwimmbad nach Fliesen tauchen. Wer eine Fliese ins Wasser wirft, etwa besonders weit, behauptet damit, daß er sie wieder heraufholen könne. Seine Handlung vertritt dann eine Behauptung, die beweisdefinit ist: Nur wenn er ins Wasser springt und mit der Fliese wieder auftaucht, ist sein Beweisversuch gelungen.

Allgemein ist die Situation so zu beschreiben: Eine Handlung, z. B. das Behaupten einer Aussage, heißt beweisdefinit, wenn ein Verfahren gegeben ist, einer weiteren Handlung, dem Beweisversuch, genau einen von zwei Werten (»gelungen« oder »mißlungen«) zuzuerteilen.

Von den Grundaussagen *a*, *b*, . . ., aus denen wir mit den logischen Partikeln weitere Aussagen zusammensetzen, wollen wir nun nur voraussetzen, daß sie beweisdefinit in diesem Sinne sind. Verbinden wir beweisdefinite Aussagen *a* und *b* etwa durch »und«, so haben wir zu definieren, welchen Sinn »*a* und *b*« haben soll. Welche Handlungen, die als Beweisversuche ausgeführt werden, sollen als »gelungen« bezeichnet werden? In Übereinstimmung mit dem Sinn von »und« in der natürlichen Sprache muß ein Beweis aus der Hintereinanderausführung zweier Handlungen bestehen, nämlich einem Beweis von *a* und einem Beweis von *b*. Durch diese Festsetzung ist »*a* und *b*« zu einer beweisdefiniten Aussage geworden. Ebenso einfach ist es, »*a* oder *b*« als beweisdefinite Aussage zu definieren: Wer »*a* oder *b*« beweisen will, muß – nach eigener Wahl – einen Beweis von *a* vorlegen oder einen Beweis von *b* vorlegen. Ich nenne diese Interpretation der Junktoren ihre operative Interpretation, weil sie den Sinn durch Handlungsschemata festlegt.

Daß sich diese Interpretation von den üblichen Wahrheitstafeln der klassischen Logik unterscheidet, zeigt sich deutlich bei der Negation. Der Sinn von »nicht« in der natürlichen Sprache liefert keine Festlegung darüber, wann ein Beweisversuch von »nicht *a*« gelungen bzw. mißlungen ist, wenn *a* beweisdefinit ist. Stellen wir uns zur Verdeutlichung der Situation zwei Personen vor, die einen Dialog führen. Wenn einer eine beweisdefinite Aussage behauptet, so kann der andere ihn nach dem Beweis fragen. Nur wenn der Beweisversuch gelingt – hierfür soll es ja ein Entscheidungsverfahren geben –, ist der Dialog gewonnen, sonst verloren. In einem solchen Dialog kann nun auch die Aussage »nicht *a*« sinnvoll verwendet werden. Die Dialogpartner können nämlich folgendes vereinbaren: Wenn von einem Partner »nicht *a*« behauptet wird, so habe der andere zwar nicht das Recht, hierfür einen Beweis zu verlangen, er habe aber das Recht, seinerseits *a* zu behaupten. Kann er dieses verteidigen, so habe der erste Partner verloren, sonst gewonnen. Durch diese Festsetzung wird »nicht *a*« zwar keine beweisdefinite Aussage, aber für die Verwendung dieser Aussage in einem Dialog wird ein Verfahren festgelegt, das über »Gewinn« oder »Verlust« des Dialogs entscheidet.

Wir wollen jede Aussage, für die ein solches Verfahren festgelegt ist, *dialogisch-definit* nennen. Auch für beweisdefinite Aussagen ist die Negation dadurch operativ interpretiert: Die Dialogpartner wissen, was sie zu tun haben, um den Dialog zu führen.

Man könnte diese operative Interpretation auch so formulieren: Wer »nicht *a*« behauptet, gibt damit zu, daß er *dann* verloren haben wird, *wenn* der andere die Behauptung *a* verteidigen kann. Das »wenn – dann«, das hier auftritt, ist ein Junktor der natürlichen Sprache, der bekanntlich in der klassischen Junktorenlogik nicht adäquat behandelt werden kann. Dagegen läßt sich jetzt jede wenn – dann-Verbindung dialogisch-definiter Aussagen zwanglos wieder als eine dialogisch-definite Aussage interpretieren. Behauptet der eine Partner eines Dialogs »wenn *a*, dann *b*«, so habe der andere das Recht, seinerseits *a* zu behaupten. Kann er dies verteidigen, so hat der erste die Pflicht, *b* zu behaupten und zu verteidigen.

Für den Verlauf eines solchen Dialogs sei ein Beispiel angeführt. Wir schreiben dabei die Behauptung der beiden Partner in einem Tableau auf. Rechts mögen die Behauptungen des Partners stehen. Wir nennen ihn den Proponenten P. Links stehen dann die Behauptungen des Opponenten O.

Beispiel:

		Wenn a oder *b und* nicht *b, dann a*	
a oder *b und* nicht *b*		? 1	
a oder *b*		?	
a	*b*	*a*	
	nicht *b*		? 2
			b

Der Dialog endet mit einem Gewinn des Proponenten P. Das Tableau zeigt sogar, daß P den Dialog immer gewinnen kann, unabhängig vom Inhalt der Aussagen *a* und *b*. Das Tableau zeigt also eine Gewinnstrategie auf Grund der Form allein. Wir werden die Aussage *wenn a* oder *b und* nicht *b, dann a* daher logisch-wahr nennen dürfen. Diese logische Wahrheit unterscheidet sich aber von der logischen Wahrheit der klassischen Junktorenlogik. Nach Brouwer heißt die neue Logik die intuitionistische Logik, obwohl dieser Terminus nicht gerade sehr glücklich ist.

Ich gebe hier noch ein Beispiel: Ist die Aussage *wenn nicht a* und *b, dann* nicht *a oder* nicht *b* intuitionistisch logisch-wahr? In der klassischen Logik gilt zwar: *nicht a* und *b impliziert* nicht *a* oder nicht *b*, trotzdem ist unsere Aussage nicht intuitionistisch logisch-wahr. Das läßt sich am Verlauf des Dialogs leicht sehen.

			wenn nicht a und *b*, *dann* nicht *a oder* nicht *b*			
nicht a und *b*			*a* und *b*		nicht *a* oder nicht *b*	
? 1	? 2	?	*a*	*b*	nicht *a*	nicht *b*
?	?	*a* | *b*			?	?

P würde den Dialog nur dann gewinnen, wenn er (1) wüßte, wie *a* und *b* zu verteidigen sind, oder (2) wüßte, welche von beiden Aussagen O nicht verteidigen kann. Dieses Wissen mag P nun zwar für gewisse Aussagen *a* und *b* haben -- aber dann nur auf Grund des Inhalts von *a* und *b*. Keinesfalls kann er den Dialog allein auf Grund der Form gewinnen. Die Aussage, die er behauptet, ist also nicht intuitionistisch logisch-wahr.
Es ist etwas irreführend, den hier aufgewiesenen Tatbestand so zu formulieren, daß es verschiedene Logiken gäbe. Das Wort Logik verwendet man wohl besser nur im Singular. Jede intuitionistisch logisch-wahre Aussage ist auch klassisch logisch-wahr. Das ist selbstverständlich, weil die wahrheitsdefiniten Aussagen nichts als ein Spezialfall der dialogisch-definiten Aussagen sind. Es gilt aber nicht das Umgekehrte. Die klassische Logik ist also ein Spezialfall der intuitionistischen -- und diese ist sozusagen die wahre Logik, da sie nicht nur für die wahrheitsdefiniten Aussagen gilt.
Wie unser arithmetisches Beispiel »Einige ungerade Zahlen sind vollkommen« gezeigt hat, bleibt die intuitionistische Logik auch dann anwendbar, wenn die Quantoren »für einige« und »für alle« der aristotelischen Logik außer den Junktoren zur Zusammensetzung von Aussagen zugelassen werden. Der Einsquantor »für einige« kann, wie das arithmetische Beispiel zeigt, beweisdefinit interpretiert werden. Wer »für einige *x*: *a* (*x*)« behauptet, muß zur Verteidigung in der Lage sein, ein Objekt *n* aus dem Variabilitätsbereich der Variablen *x* zu nennen und dann die Behauptung *a* (*n*) zu verteidigen. Hier kann der Pro-

ponent P also selbst das Objekt *n* wählen. Dagegen ist der Allquantor »für alle« dialogisch-definit zu interpretieren. Wer »für alle x: $a(x)$« behauptet, muß zur Verteidigung in der Lage sein, für ein vom Opponenten beliebig gewähltes Objekt *n* die Behauptung a (n) zu verteidigen.

Die Definition der intuitionistischen logischen Wahrheit bleibt dieselbe: Eine Aussage heißt logisch-wahr, wenn sie auf Grund ihrer Form allein im Dialog gegen jeden Opponenten gewonnen werden kann. Zu einer intuitionistisch logisch-wahren Aussage muß es also immer eine Gewinnstrategie geben. Auf Grund der operativen Interpretation der logischen Partikeln lassen sich die Gewinnstrategien systematisch übersehen. Man kann zunächst Konstruktionsvorschriften zur Erzeugung aller möglichen Gewinnstrategien in der Form von Tableaus, wie sie unsere obigen Beispiele zeigen, angeben. Eine Gewinnstrategie besteht immer darin, daß eine gewisse Ausgangsposition eines Dialogs schrittweise zurückgeführt wird auf gewisse triviale Endpositionen, nämlich solche, in denen der Proponent nur noch eine Grundaussage zu behaupten hat, die vorher schon vom Opponenten behauptet worden ist. Liest man eine solche Gewinnstrategie, die als Tableau geschrieben ist, von unten nach oben, so erhält man ein Verfahren zur Konstruktion aller logisch-wahren Aussageformen, ausgehend von Aussagen, die trivialerweise logisch-wahr sind und also als logische Axiome fungieren können. Man erhält auf diese Weise nichts anderes als gerade das, was in der gegenwärtigen Literatur schon lange als ein Logikkalkül bekannt ist. Man erhält hier speziell den intuitionistischen Sequenzenkalkül von Gentzen. Der Logikkalkül erweist sich hier aber nur als ein bequemes Hilfsmittel zur Untersuchung der Gewinnstrategien. Wer diese Gewinnstrategien beherrscht, von dem wird man sagen müssen, daß er gut logisch denken kann, auch dann, wenn er noch nichts von Logikkalkülen gehört hat. Wir lernen dieses logische Denken zwar ebenso an der Sprache, wie wir das Rechnen an den Zahlwörtern lernen – – aber das logische Denken selbst ist trotzdem, ebensowenig wie das Rechnen, an die natürlichen Sprachen ge-

bunden. Die Dialoge, wie wir sie in den Tableaus aufgeschrieben haben, stellen logische Strukturen dar, die sich zwar zunächst in der Sprache finden, die aber auch durch nicht-sprachliche Handlungen realisiert werden können.
Das Wesentliche der dialogischen Situation findet sich auch in den Wettspielen. Wenn wir etwa noch einmal an den Wettkampf im Fliesentauchen denken, so kann hier ein Spieler zwei Fliesen ins Wasser werfen und er könnte durch besondere Symbole, etwa durch einfache Gesten, wie das Hochheben von einem Arm oder von beiden Armen, zu verstehen geben, ob das nun bedeuten soll, daß er sich verpflichtet, beide heraufzuholen oder mindestens eine, oder aber – mit einer anderen Geste – daß er sich verpflichtet, die zweite heraufzuholen, wenn die erste von jemand anderem heraufgeholt wird. Man kann solche Spiele auch als Kartenspiele realisieren. Die Grundaussagen sind dann durch Spielkarten darzustellen, so wie die Variablen in unseren Tableaus ja auch schon kaum etwas anderes als Spielmarken sind. Die operative Interpretation der Junktoren, für die eigene Spielkarten vorhanden sein müssen, legt dann die Züge im Spiel fest.
Will man die logischen Strukturen in den natürlichen Sprachen verstehen, so scheint es mir unerläßlich zu sein, zunächst eine Möglichkeit zu haben, solche logischen Strukturen außerhalb der Sprache zu realisieren. Gerade das wird durch die operative Interpretation der logischen Partikeln geleistet. Diese zeigt damit zugleich, in welchem Sinne die Logik von den natürlichen Sprachen unabhängig ist und wie die logischen Strukturen in die Sprache hineingekommen sein könnten.

Logik und Grammatik

Im Vorwort zur Duden-Grammatik heißt es: »Früher ging man fast ausschließlich davon aus, daß es nur allgemeingültige Strukturformen (der Sprachen) geben könne, die es auch im Deutschen aufzusuchen gelte.«
Demgegenüber geht die Duden-Grammatik von der Einsicht aus, daß jede Einzelsprache eine eigene Struktur hat, die »das Ergebnis des sprachlichen Zugriffs der Sprachgemeinschaft gegenüber dem Seienden in der Welt« ist.
Diese allgemeine Einsicht hat die erfreuliche Wirkung gehabt, daß jetzt eine deutsche Grammatik vorliegt, die nicht mehr ihre Kategorien aus der lateinischen Grammatik entlehnt. Daß das abendländische Europa eine Sekundärkultur ist, ist wohl nirgends so deutlich abzulesen wie an dieser Tatsache, daß die europäischen Nationalsprachen erst in unserem Jahrhundert sich ihrer grammatischen Selbständigkeit bewußt geworden sind.
Um Mißverständnisse zu vermeiden, möchte ich von vornherein betonen, daß ich im Folgenden, wenn ich unter dem Titel »Logik« von allgemeingültigen Strukturformen der Sprachen spreche, an dieser schwer errungenen Selbständigkeit unserer Muttersprache nicht rütteln will. Ich möchte nur gegenüber radikaleren Tendenzen der »Muttersprachler«, nach denen es überhaupt kein Denken schlechthin, sondern nur eine Fülle einzelsprachlich gebundenen Denkens geben soll, auf Möglichkeiten eines – wie ich es nennen möchte – logischen Sprachgebrauchs hinweisen, für den die Eigenarten der Muttersprache *irrelevant* sind.
Dabei will ich Sie nicht dazu überreden, solche Möglichkeiten für möglich zu halten – sondern will statt dessen einige Beispiele der einfachsten Möglichkeiten hier vor Ihren Augen vorführen. Ich werde dabei zwar weiterhin Deutsch sprechen. Ich bitte Sie aber darauf zu achten, daß die Eigenarten des Deutschen für

alles Folgende irrelevant sind. Falls Ihnen dieses an einem der Beispiele zweifelhaft erscheinen sollte, müßten wir es hinterher an diesem Beispiel dann diskutieren. Um es zu wiederholen: meine These ist nicht, daß *alle* grammatischen Strukturen des Deutschen als Verwirklichungen logischer Strukturen aufzufassen sind, sondern nur, daß es neben den Eigenstrukturen auch *einige* Strukturen gibt, die besser als Verwirklichungen logischer Strukturen zu verstehen sind. Mit der »strukturalistischen« Auffassung von Sprache hat das gar nichts zu tun – ebenso nichts mit der »Logistik«. Es geht mir überhaupt nicht darum, hier eine Forschungsrichtung programmatisch zu vertreten. Es geht mir nur darum, daß einige Strukturen des Deutschen besser als Verwirklichungen logischer Strukturen zu verstehen sind, als wenn man die Existenz eines solchen logischen Maßstabs ignoriert oder leugnet. Auf keinen Fall möchte ich einen Streit über die Wichtigkeit der logischen Strukturen verglichen mit den übrigen Eigenstrukturen heraufbeschwören. Ich stelle mir vielmehr nur die Aufgabe, nachzuweisen, daß es jedenfalls die logischen Strukturen auch gibt.

Ich beschränke mich hier auf 4 Beispiele logischer Strukturen, die ich folgendermaßen benenne:

Elementaraussagen,
Termini,
Begriffe,
logische Partikeln.

I. Elementaraussagen

Obwohl die Sprache auf jeden, der sie zu analysieren unternimmt, zunächst den Eindruck einer völlig unübersichtlichen Mannigfaltigkeit macht, lassen sich aus den Aussagesätzen doch gewisse Aussagen elementarer Form herausgreifen, die dadurch charakterisiert sind, daß diese elementaren Aussagen nicht in einfachere Aussagen zerlegbar sind. Im Deutschen haben die Elementaraussagen die Formen »dies ist so« bzw. »dies ist nicht so«. Das älteste Beispiel einer Elementaraussage stammt von Platon: »Theaitet fliegt«. Andere Beispiele sind etwa »Chruschtschow ist kein Philosoph« oder »Faust liebt Gretchen«. In den Elementaraussagen treten also zunächst *Eigennamen* auf: Theaitet, Chruschtschow, Faust usw., wobei es sich entweder um *historische, gegenwärtige* oder *poetische* Eigennamen handeln kann – natürlich nicht nur von Personen, wie in diesen Beispielen, sondern von beliebigen Gegenständen. Den zweiten wichtigen Bestandteil der Elementaraussagen möchte ich *Prädikatoren* nennen. Das sind Wörter, die den Gegenständen zu- oder abgesprochen werden. »Prädikator« bezeichnet hier also eine Wortart und nicht einen Satzteil wie der grammatische Terminus »Prädikat«. Daß Gegenstände mit Eigennamen benannt werden und daß den Gegenständen Prädikatoren zu- oder abgesprochen werden, findet sich in allen Sprachen. Auf welche Weise das Zu- oder Absprechen ausgedrückt wird, ist dagegen in den Einzelsprachen verschieden. Im Deutschen geschieht es teilweise mit einer Kopula »ist«, teilweise ohne. Ich möchte daher die logische Form der Elementaraussagen im folgenden so darstellen, daß in einer Elementaraussage zuerst die auftretenden Eigennamen genannt werden, dann folgt eine Kopula – hierfür will ich den griechischen Buchstaben ε von *ἐστί* für das Zusprechen (Affirmation) und ε′ für das Absprechen (Negation) gebrauchen – und anschließend der Prädikator. Verwenden wir also etwa große Buchstaben zur Abkürzung der Eigennamen und kleine Buchstaben zur Abkürzung der Prädikatoren, so erhalten wir für unsere Beispiele die folgende logische Form:

Theaitet fliegt: $T\,\varepsilon\,f$
Chruschtschow ist kein Philosoph: $C\,\varepsilon'\,p$
Faust liebt Gretchen: $F,G\,\varepsilon\,l$

Das letzte Beispiel zeigt einen 2stelligen Prädikator. Daß die Grammatik den ersten Eigennamen als Subjekt, den zweiten als Objekt auszeichnet, ist logisch irrelevant. Neben den 1stelligen und 2stelligen Prädikatoren gibt es auch noch mehrstellige

Prädikatoren, theoretisch sogar mit beliebiger Stellenanzahl, faktisch treten allerdings wohl kaum mehr als 3 bis 4 Stellen auf.

II. Termini

Wenn man sich darauf beschränkte, nur Elementaraussagen zu gebrauchen, so würde man im Falle einer Meinungsverschiedenheit darüber, ob einem Gegenstande X ein bestimmter Prädikator p zuzusprechen oder abzusprechen sei, nur die Möglichkeit haben, Beispiele oder Gegenbeispiele für den intendierten Gebrauch des Prädikators p anzugeben. Man könnte sagen, daß bestimmten Gegenständen G_1, G_2, ... der Prädikator p jedenfalls zugesprochen werden solle und bestimmten anderen Gegenständen H_1, H_2, ... der Prädikator p jedenfalls abgesprochen werden solle. Durch die Beschränkung auf Elementaraussagen sind also die Prädikatoren stets nur – wie ich sagen möchte – *exemplarisch bestimmt*. Durch solche exemplarische Bestimmung ist der Gebrauch der Prädikatoren ersichtlich nicht sehr weitgehend bestimmt. Um den Gebrauch der Prädikatoren genauer zu fixieren, gibt es daher die Möglichkeit, für die Verwendung der Prädikatoren *Regeln* einzuführen. Die einfachsten solcher Regeln wurden schon von Aristoteles angegeben und zur Grundlage seiner Logik, der sogenannten Syllogistik, gemacht. Aristoteles beschränkte sich auf einstellige Prädikatoren und gab zwei Arten von Regeln an, nämlich die affirmativen Regeln, die den Übergang von einer Aussage »$X \varepsilon p$« zu einer affirmativen Aussage »$X \varepsilon q$« erlauben, und die negativen Regeln, die den Übergang von einer Aussage »$X \varepsilon p$« zu einer negativen Aussage »$X \varepsilon' q$« erlauben.

Wir symbolisieren diese beiden Arten von Regeln folgendermaßen:

$$X \varepsilon p \Rightarrow X \varepsilon q$$
$$X \varepsilon p \Rightarrow X \varepsilon' q.$$

Hierin sind p, q zwei Prädikatoren, deren Gebrauch durch eine dieser Regeln fixiert werden soll, X ist eine Variable für beliebige Eigennamen, und der Doppelpfeil → symbolisiert die Erlaubtheit des Überganges von der linken Elementaraussage zur rechten Elementaraussage. Die Einzelsprachen als historisch gewachsene Sprachen enthalten keine solchen Regeln in expliziter Form. Der Sprachgebrauch ist also immer erst daraufhin zu interpretieren, ob in ihm eine Regel für den Gebrauch von Prädikatoren intendiert ist oder nicht. Wenn jemand z. B. den folgenden Satz wie eine Spruchweisheit zitiert: »Wer vernünftig ist, ist gerecht«, so läßt sich dies so interpretieren, daß der Sprecher den Übergang von einer Elementaraussage der Form »X ist vernünftig« zu einer Elementaraussage der Form »X ist gerecht« vorschreiben will. Ebenso können wir die Sätze:

»Wer gerecht ist, ist nicht barmherzig«,
»Was rot ist, ist nicht grün«

als negative Regeln interpretieren, die zur Fixierung des Gebrauches der Prädikatoren: »gerecht« und »barmherzig« bzw. »rot« und »grün« dienen sollen.

Prädikatoren, deren Gebrauch durch solche Regeln fixiert ist, möchte ich im folgenden *Termini* nennen. Wir können daran anschließend die Regeln zur Fixierung des Gebrauches der Prädikatoren daher auch *terminologische Bestimmungen* nennen. Alle terminologischen Bestimmungen sind – logisch gesehen – immer nur Vorschläge für den Gebrauch von Prädikatoren. Die implizit in der Muttersprache enthaltenen terminologischen Bestimmungen sind traditionelle Vorschläge. Sie sind für eine erste Verständigung zwar verbindlich, aber im esoterischen Gespräch kann man sich von ihnen lösen und sie evtl. durch andere ersetzen.

Terminologische Bestimmungen betreffen immer mehrere Prädikatoren, zumindest zwei, im allgemeinen aber ein ganzes System von Prädikatoren, z. B. das System der Farbprädikatoren. Ist ein System von Prädikatoren durch Regeln, die den Gebrauch fixieren, zu einem System von Termini geworden, so heiße ein solches System kurz eine *Terminologie*.

Das Operieren mit Termini nach einem System von Regeln wird häufig auch begriffliches Denken genannt, man spricht daher auch von einem *Begriffssystem* statt von einer Terminologie. Nach aller logischen Tradition ist aber mit »Terminus« einerseits und mit »Begriff« andererseits nicht dasselbe gemeint. Der Unterschied zwischen Begriff und Terminus ist vielmehr der folgende: für den Begriff wird von der Lautgestalt der Termini *abstrahiert*. Wie eine solche Abstraktion zu verstehen ist, ist in der Philosophie seit Aristoteles immer wieder diskutiert worden. Im Universalienstreit der Scholastik ging es jedenfalls auch immer um die Schwierigkeit dieser Abstraktion, und in den gegenwärtigen Diskussionen um die Grundlagen der Mathematik ist dieses Problem wieder akut geworden. Die Schwierigkeit liegt m. E. darin, daß die aristotelischen Texte nahelegen, die Begriffe als etwas Psychisches anzusehen im Gegensatz zu den sprachlichen Termini. Die nominalistische Lösung dieser Schwierigkeit – die man akzeptieren kann, ohne die übrige nominalistische Philosophie zu akzeptieren – liegt darin, daß die Rede von abstrakten Gegenständen als eine façon de parler, als ein Kunstgriff zur Bereicherung der Redemöglichkeiten aufgefaßt wird.

In psychologischer Formulierung ausgedrückt, liegt immer das Phänomen zugrunde, daß man mit verschiedenen Wörtern (Termini) dasselbe meinen kann. Ich gebe ein Beispiel aus dem Zusammenhang, den wir hier gerade behandeln. Ich habe z. B. davon gesprochen, daß wir den Gebrauch von Prädikatoren durch Regeln fixieren können. Wenn ich statt dessen davon spräche, daß wir die Verwendung von Wörtern durch Vorschriften präzisieren können – nun mir scheint, daß Sie unmittelbar den Eindruck haben würden, daß damit dasselbe gemeint wäre. Es ist allerdings aussichtslos, eine Antwort zu finden z. B. auf die Frage: »Meinen« die Fremdwörter Präzisierung und Fixierung hier dasselbe oder nicht? Man kann keine Antwort erwarten, solange man solche Wörter einfach aus der natürlichen Sprache herausgreift, ohne ihren Gebrauch eigens näher zu bestimmen. Erst, wenn wir zwei verschiedene Terminologien im Sinne von II. vergleichen und feststellen, daß wir dort zwei Systeme von Prädikatoren haben, für die – abgesehen von der Lautgestalt – dieselben exemplarischen Bestimmungen und dieselben Regeln in Kraft gesetzt sind, erst dann haben wir eine genau erfaßbare *Gleichwertigkeit* verschiedener Termini vor uns. Wir wollen also nur dann von Begriffen statt von Termini sprechen, wenn die Lautgestalt des Terminus keine Rolle mehr spielen soll (wenn von ihr abstrahiert wird), wenn aber die exemplarischen Bestimmungen und die terminologischen Bestimmungen beibehalten werden. Was ist demnach der Unterschied zwischen dem Terminus »rot« und dem Begriff rot? Nennt man die Begriffe die *»Bedeutungen«* der Termini, so ist das eine leicht irreführende Analogie zu den Eigennamen, die als Bedeutungen Gegenstände haben, nämlich die Gegenstände, die mit den Eigennamen benannt sind. Nennt man dagegen die Begriffe *»Inhalte«* der Termini, so haben wir hier eine räumliche Metapher vor uns wie in dem Worte »Bewußtseinsinhalt«. Der Begriff als das, was ein Terminus »meint«, ist zwar nicht mehr metaphorisch, aber immer noch psychologisch. Die Abstraktion, die von den Termini zu Begriffen führt, ist aber keine psychische Operation, sondern eine logische Operation. Statt uns in die ontologischen Schwierigkeiten der Frage: »Was ist ein Begriff?« zu stürzen, fragen wir uns lieber, wie Aussagen über Begriffe zu bilden sind. Aussagen über Termini sind keine Schwierigkeit. Z. B. können wir sagen, daß der Terminus »rot« aus drei Buchstaben besteht. In dieser Aussage kann nicht von der Lautgestalt des Terminus »rot« abstrahiert werden. Hätten wir ein anderes Wort statt »rot« – aber mit denselben exemplarischen Bestimmungen und denselben terminologischen Bestimmungen –, so könnte die Buchstabenzahl eine andere sein. Unsere Aussage über den Terminus ist also nicht invariant gegenüber der Ersetzung unseres Terminus durch einen gleichwertigen Terminus aus einer anderen Terminologie. Es gibt aber Aussagen, die diese *Inva-*

rianz besitzen, d. h., die dann, wenn sie für einen Terminus gelten, auch für alle gleichwertigen Termini gelten. Als ein Beispiel führe ich an, daß die Termini »vernünftig« und »barmherzig« aufgrund der vorhin angeführten terminologischen Bestimmungen *konträr* sind, d. h., keinem Gegenstande dürfen beide Prädikatoren zugesprochen werden. Dieses Konträrsein hängt nur von den getroffenen terminologischen Bestimmungen ab, nicht von der Lautgestalt der Prädikatoren, ist also invariant. Die Abstraktion besteht nun genau darin, daß wir uns auf invariante Aussagen über Termini beschränken. Um diese Invarianz zum Ausdruck zu bringen, sagen wir dann statt: »die Termini ›vernünftig‹ und ›barmherzig‹ sind konträr« vielmehr: »die Begriffe vernünftig und barmherzig sind konträr«.

Aussagen über Begriffe treten nicht beim unmittelbaren, naiven Sprechen auf, wohl aber in der Sprache der Reflexion, insbesondere in der Sprache des Grammatikers. Der Grammatiker hat ja über Wörter zu sprechen, er spricht – wie man heutzutage sagt – Metasprache. Als ein sprachlicher Kunstgriff, die Reflexion des Grammatikers auf die exemplarischen und terminologischen Bestimmungen zu lenken und von der bloßen Lautgestalt abzulenken, dient dann die Rede von den Begriffen. Im Gegensatz zur lautbezogenen Sprachwissenschaft bewegt sich die inhaltbezogene Sprachwissenschaft immer auf dieser Reflexionsstufe, die die Verschiedenheit der Begriffe, die Verschiedenheit der geistigen Zugriffe der Einzelsprachen herausarbeiten will.

IV. Logische Partikeln

Die bisherigen Betrachtungen haben uns noch nicht über die logische Struktur der elementaren Aussagen hinausgeführt, denn die in II und III betrachteten terminologischen Bestimmungen waren ja Regeln, keine Aussagen. Zu beliebig komplizierten logischen Strukturen kommen wir aber, wenn wir jetzt die Zusammensetzbarkeit der Elementaraussagen durch logische Partikeln betrachten. Die Theorie dieser Partikeln geht zwar auch auf Aristoteles, aber mehr noch auf die megarische und stoische Philosophie zurück. Die logischen Partikeln sind *Verbindungswörter* für beliebige Aussagen mit festgelegter Verwendungsweise der Verbindung. Es ist nützlich, sich daran zu erinnern, daß Aussagen grundsätzlich in Dialogen verwendet werden: eine Aussage wird von jemandem einem anderen gegenüber *behauptet*. Sind nun A, B, ... Aussagen, über deren Behauptung sich die Gesprächspartner schon verständigen können, so soll z. B. die Behauptung »A und B« so verstanden werden, daß auf Verlangen des Gesprächspartners, des Opponenten, beides, sowohl A als auch B, behauptet werden muß. Wird dagegen »A oder B« behauptet, so darf der Behauptende selbst, der Proponent, wählen, welche der beiden Aussagen er nun behaupten will. Das deutsche Wort »oder« hat normalerweise nicht immer diesen Sinn, deswegen muß die dialogische Verwendung eigens festgelegt werden. Die Funktion des Gesprächspartners wird deutlicher bei den logischen Partikeln »wenn, dann«. Wird vom Proponenten eine Aussage der Form »wenn A, dann B« behauptet, so hat der Opponent das Recht, den Wenn-Satz, also A, zu behaupten. Kann er A gegen den Proponenten verteidigen, so muß dieser den Dann-Satz, also B, behaupten und verteidigen. Ein Spezialfall hiervon ist die Negation. Wird vom Proponenten »nicht A« behauptet, so hat der Opponent das Recht, A zu behaupten. Kann er dieses verteidigen, so hat der Proponent den Dialog verloren.

Mit diesen logischen Partikeln »und«, »oder«, »wenn, dann« und »nicht« hat man im wesentlichen schon alle Junktoren, d. h. alle logischen Partikeln zur Verbindung von Aussagen, zusammen. Für die Möglichkeiten, den dialogischen Gebrauch der zusammengesetzten Aussagen zu fixieren, sind die Besonderheiten der hier gewählten deutschen Wörter irrelevant. Genau wie bei den terminologischen Bestimmungen enthält auch hier die historisch gewachsene Sprache keine expliziten Regeln für den dialogischen Gebrauch der logischen Partikeln. Der logische Ge-

brauch dieser Wörter, z. B. daß man von »A oder B« und »nicht A« auf »B« schließt. kann nicht einfach an dem Sprachgebrauch abgelesen werden. Der logische Gebrauch gibt vielmehr erst einen Maßstab, mit dem der faktische Sprachgebrauch gemessen und verstanden werden kann.
Als logische Partikel gibt es neben den *Junktoren* noch die Quantifikatoren, kürzer: *Quantoren.* Es gibt genau zwei Quantoren, den Allquantor »für alle« und den Einsquantor »für einige«. Erst durch diese Quantoren entstehen aus den bisherigen Elementaraussagen Aussagen ohne Eigennamen. Aus der Aussageform »X ist p« wird nämlich »für alle X: X ist p«, z. B. »alles ist vergänglich«, oder »für einige X: X ist p«, z. B. »einiges ist unvergänglich«. Wird ein Allsatz behauptet, so kann der Opponent ein beliebiges X wählen, wird ein Einssatz behauptet, so muß der Proponent selbst ein X angeben. Als Beispiel sei ein Dialog um den folgenden Satz: »Alle Gottesleugner sind schwachsinnig oder böswillig« behandelt. Die logische Form dieses Satzes ist:

Für alle X: Wenn X ist g, dann X ist s oder X ist b.

Der Opponent kann ein beliebiges X wählen, er wähle z. B. »Russell«. Der Dialog kann dann etwa folgendermaßen verlaufen:

Opponent	Proponent
Russell?	Wenn R ist g, dann R ist s oder R ist b.
R ist g	?
. . .	R ist s oder R ist b
?	R ist b
?	. . .

(An den Stellen, an denen ». . .« steht, ist der Dialog um die durch »?« bezweifelten Elementaraussagen zu führen.)
Insbesondere die logischen Partikeln zeigen, daß die bisherige Grammatik – und das gilt auch für die vom Lateinischen abhängige Grammatik – die sprachlichen Formen unzureichend behandelt, wenn sie nicht die logischen Strukturen berücksich-

tigt. Die logischen Partikeln werden in der Grammatik nämlich gar nicht als eine besondere Wortart aufgeführt: »nicht« tritt als ein Adverb auf, die logischen Partikeln: »und, oder, wenn, dann« treten als Konjunktionen auf und die Quantoren: »alle, einige« als Indefinitpronomina.

Daß in der Entwicklung des Deutschen – gerade zu der Zeit, als das Latein auch als Gelehrtensprache durch die Muttersprachen ersetzt wurde – die doppelte Verneinung nicht mehr als verstärkte Verneinung (wie heute noch im Volksmund) gebraucht wird, ist leicht dadurch verständlich zu machen, daß der *logische* Gebrauch von »nicht nicht A« im Widerspruch zu »nicht A« steht. Ohne Rekurs auf den logischen Sprachgebrauch dürfte eine solche Entwicklung wohl nicht verstehbar sein.

Mit den angeführten Beispielen logischer Strukturen sind diese nicht erschöpft. Die moderne Logik stellt insbesondere eine »Theorie« des bestimmten Artikels zur Verfügung. Aber die Anzahl der logischen Strukturen bleibt gegenüber der Fülle der muttersprachlichen Strukturen gering. Keine Logik kann daher die empirische Arbeit der Grammatik überflüssig machen – aber es kann auch keine Grammatik dem Grammatiker die Mühe abnehmen, seinen eigenen Sprachgebrauch logisch zu disziplinieren.

Protologik

Ein Beitrag zum Begründungsproblem der Logik

Im folgenden wird »Logik« im engeren Sinne von »formaler Logik«, als Lehre des logischen Schließens, verstanden. Es besteht zunächst die Schwierigkeit, zu definieren, was ein logischer Schluß ist. Ein logischer Schluß ist jedenfalls ein Übergang von gewissen Aussagen (den Prämissen) zu einer weiteren Aussage (der Konklusion). Es bleibt aber zu fragen, welche dieser Übergänge »logisch« heißen sollen.
Betrachten wir, um zu einer Antwort zu kommen, etwa das einfachste Beispiel eines logischen Schlusses aus der Syllogistik. Die Syllogistik beschränkt sich auf Aussagen der Form X R Y, in denen X und Y Prädikate sind und in denen R für eine der vier Relationen, a, e, i, o zwischen Prädikaten steht, nämlich:

X a Y	für:	alle X sind Y
X e Y	für:	alle X sind nicht Y
X i Y	für:	manche X sind Y
X o Y	für:	manche X sind nicht Y

Als fundamentales Theorem der Syllogistik – und damit der Logik – gilt nun, daß der Schluß

von X a Y und Y a Z auf X a Z

ein »logischer« Schluß ist. Die Regel, nach der von X a Y und Y a Z auf X a Z geschlossen wird, wird also als »logisch-gültig« behauptet. Wir symbolisieren diese Regel, die in der Scholastik »barbara« genannt wurde, durch

$$x\,a\,y,\ y\,a\,z \rightarrow x\,a\,z$$

und benutzen jetzt *Variable* x, y, z für Prädikate. Denn ein Charakteristikum logischer Regeln ist es ja, daß sie nicht für spezielle Prädikate, sondern für beliebige Prädikate gelten, daß sie »allgemein gültig« sind.
Es ist üblich geworden, die Logik wegen dieser Allgemeingültigkeit »formal« zu nennen. Es steht hier jedoch nicht die Be-

rechtigung dieses Terminus zur Diskussion, sondern die Frage, mit welchem Recht wir die Regel barbara zusammen mit anderen, wie etwa

$$x\,a\,y, x\,i\,z \rightarrow z\,i\,y$$

auszeichnen vor wieder anderen Regeln, wie etwa

$$x\,a\,y, y\,i\,z \rightarrow x\,i\,z$$

die »logisch-ungültig« genannt werden –, obwohl sich doch auch nach ihnen »schließen« ließe.

Es wird gegenwärtig die Meinung vertreten, daß der Grund für diese Unterscheidung in der Semantik, d. h. in der Lehre von den Bedeutungen der sprachlichen Ausdrücke, zu suchen sei. Die Regel barbara heiße logisch gültig, weil für alle Prädikate X, Y, Z, für die die Prämissen X a Y und Y a Z wahr sind, auch die Konklusion X a Z wahr ist.

In der Semantik geht man also davon aus, daß jede Aussage entweder wahr oder falsch ist. Diejenigen Regeln, deren Anwendung von wahren Aussagen stets zu wahren Aussagen führt, heißen »logisch-gültig«.

Gegenüber dieser semantischen Definition der logischen Gültigkeit bleibt die Frage, woher wir wissen, wann eine Regel die geforderte Eigenschaft hat, von wahren Aussagen stets zu wahren Aussagen zu führen. Geht man dieser Frage nach, so sieht man, daß die Semantik für die Anwendung ihrer Definition der logischen Gültigkeit die Gültigkeit der logischen Regeln selber schon voraussetzen muß. Sie werden allerdings in einer modifizierten Form gebraucht, nämlich in metasprachlicher Formulierung: Anstelle von barbara tritt die Behauptung, daß für alle Prädikate X, Y, Z, für die X a Y und Y a Z wahr sind, auch X a Z wahr ist. Die Semantik wird schwerlich den Einwand widerlegen können, daß die Wahrheit dieser Behauptung auf nichts anderem als der Gültigkeit der Regel barbara beruht.

Dieser Zusammenhang sei noch an einem Beispiel aus der modernen Logik dargestellt. Sind A und B Aussagen, so heißt »A oder B« – symbolisch A v B – genau dann wahr, wenn A wahr ist oder wenn B wahr ist. Für eine Aussageform C(x) mit einer Variablen x für irgendwelche Objekte (das seien nun Individuen, Prädikate oder was auch immer) heißt die Aussage »für alle x: C (x)« – symbolisch $\wedge$ x C (x) – genau dann wahr, wenn C(x) für alle Objekte X wahr ist. Die semantische Begründung für die logische Gültigkeit etwa der Regel:

$$\wedge x\,(A \vee C(x)) \rightarrow A \vee \wedge x\, C(x)$$

verläuft dann folgendermaßen: Für A und C(x) sei die Prämisse erfüllt. Für alle X ist also A $\vee$ C(X) wahr, d.h. für alle X ist A wahr oder C(X) *und daher* ist A wahr oder für alle X ist C (X) wahr, d.h. A $\vee$ $\wedge$ x C(x) ist wahr.

Es ist wohl deutlich genug zu sehen, daß die Gültigkeit des Theorems sich nur dadurch ergibt, daß ein genau entsprechender Schluß in der Metasprache als gültig vollzogen wird. Will man den hier entstehenden unendlichen Regreß vermeiden, so bleibt daher m. E. nur die Möglichkeit, die semantische Definition der logischen Implikation aufzugeben. Wir müssen nach einer Definition suchen, die unabhängig von der »Wahrheit« und »Falschheit« ist. Erst wenn wir wissen, daß gewisse Aussageformen A_1, ... A_n die Aussageform A logisch implizieren – symbolisch:

$$A_1, \ldots\ldots, A_n \vdash A$$

erst dann können wir behaupten, daß jede Variablenersetzung, die A_1, ... A_n erfüllt, d. h. zu wahren Aussagen macht, auch A erfüllt. Wir können solche generellen Behauptungen aber nicht gewinnen, ohne schon logische Theoreme zu benutzen.

Durch dieses negative Resultat befinden wir uns jetzt ziemlich eindeutig in der Lage desjenigen, der soeben erfolgreich den Ast abgesägt hat, auf dem er saß. Wo ist jetzt ein Halt zu finden, der einige Aussicht bietet, den Baum der logischen Erkenntnis wieder zu erklimmen?

Ich möchte im folgenden einen solchen Halt aufweisen, bemerke dazu aber im voraus, daß wir von dort nicht gleich wieder in die eigentliche Logik hineinkommen werden, sondern daß wir erst ein vorgelagertes Gebiet durchklettern müssen – eben die »Protologik«.

Um den Ansatz dazu zu finden, richten wir unser Augenmerk auf ein – zunächst ganz unscheinbares – Moment des logischen Schließens: nämlich darauf, daß jeder logische Schluß ein Übergang von Aussagen zu Aussagen ist. Jeder logische Schluß ist eine Handlung, eine Operation. Und zwar handelt es sich um ein Operieren mit sprachlichen Ausdrücken. Aus X a Y und Y a Z die neue Aussage X a Z herzustellen, kann auch derjenige lernen, der von Logik keine Ahnung hat.

Wir wollen allgemein jedes Handeln, das sich nach irgendwelchen Regeln, nach einem festen Schema, vollzieht, ein *schematisches Operieren* nennen. Mit dem schematischen Operieren sind wir jetzt bei dem Ansatzpunkt der Protologik. Um Mißverständnissen vorzubeugen, sei vorweg bemerkt, daß aber keineswegs jede schematische Operation als eine protologische bezeichnet werden soll. Wenn eine Mauer gebaut wird, wird auch schematisch operiert, da ja die Steine nach einem Schema aufeinandergesetzt werden. Das hat mit Logik jedoch nichts zu tun. Wir befinden uns aber sofort auf dem Wege zur Logik, wenn wir das schematische Operieren *zum Gegenstand* unserer weiteren Untersuchungen nehmen. Die enge Verwandtschaft dieses Ansatzes mit der Dinglerschen Begründung der exakten Wissenschaften liegt auf der Hand*. Als Ersatz für Steine oder ähnliches, um daran Beispiele schematischer Operationen zu studieren, nehmen wir im folgenden *Figuren* wie: O, +, *, *V*, die ja jedem jederzeit in genügender Anzahl zur Verfügung stehen. Diese Figuren sind keine sprachlichen Zeichen, sie sind vielmehr nichts anderes als die »calculi«, die Steinchen, die man früher zum Rechnen benutzte. Von diesen calculi ist uns noch das Wort »Kalkül« übriggeblieben. Wir wollen jedes Operationsschema zur Herstellung von Figuren daher einen *Kalkül* nennen.

Genauer legen wir uns folgendermaßen fest. Zu einem Kalkül gehören zunächst endlich viele *Atomfiguren*, aus denen alle

* Vgl.: Das Prinzip der logischen Unabhängigkeit in der Mathematik zugleich als Einführung in die Axiomatik, 1915; Philosophie der Arithmetik und Logik, 1931; Lehrbuch der exakten Fundamentalwissenschaft, 1944.

anderen Figuren zusammengesetzt werden. Wir beschränken uns dabei auf das Hintereinanderschreiben. Ferner gehören endlich viele Regeln dazu, nach denen schematisch mit diesen Figuren operiert werden soll. Hier beschränken wir uns auf *bedingte Imperative* der Form: »Wenn die und die Figuren hergestellt sind, dann stelle die folgende Figur her!«

Es wird genügen, ein Beispiel zu behandeln. Als Atome nehmen wir + und o. Als Anfang zur Herstellung von Figuren nehmen wir +. Wir nehmen ferner zwei Regeln:

(1) Wenn eine Figur A hergestellt ist, dann stelle Ao her!

(2) Wenn eine Figur A hergestellt ist, dann stelle +A+ her!

Das Operieren nach diesem Schema sieht z. B. folgendermaßen aus:

+	
+o	(1)
++o+	(2)
+++o++	(2)
+++o++o	(1)

Es ist freigestellt, wie oft und in welcher Reihenfolge die Regeln (1) und (2) angewendet werden.

Das *Ableiten* von Figuren – so nennt man solche Herstellungen nach Kalkülregeln – mag durchaus unterhaltsam sein, wir wollen aber nicht unsere Zeit damit verlieren, da wir ja zu einer Lehre *über* dieses Ableiten gelangen wollen. Als erstes seien daher für diesen Gegenstand unseres Nachdenkens kurze Bezeichnungen eingeführt. Ein bedingter Imperativ, der vorschreibt A abzuleiten, wenn $A_1, \ldots, A_n$ schon abgeleitet sind, sei durch $A_1, \ldots, A_n \rightarrow A$ bezeichnet. Unseren obigen Kalkül können wir dann kurz beschreiben durch

			+
(1)	a	→	ao
(2)	a	→	+a+

Der Buchstabe a dient hier als eine Variable, die durch aus + und o zusammengesetzte Figuren zu ersetzen ist. Allgemein sieht die Beschreibung eines Kalküls folgendermaßen aus:

Liste der Atomfiguren: ....
Liste der Variablen: ....
Anfänge: A_0
⋮
Regeln: A_1, ..., $A_n \rightarrow A$

Jede Formel A ist hierbei zusammengesetzt aus den Atomen und Variablen. Als weiteres Beispiel eines Kalküls sei noch angeführt:

Atome: 1, +
Variable: a
Anfänge: 1
1 +
+ 1
Regeln: a → +a+
+a, a+ → 1a1

Unser erster Kalkül wird jedoch ausreichen, um alles für uns Wichtige zu erörtern. Ist ein Kalkül gegeben, so ist die einfachste Fragestellung die nach der Ableitbarkeit einer Figur, z. B. ist +++ooo in unserem Kalkül ableitbar. Wir schreiben ⊢ +++ooo. Die Figur ++o+++ ist dagegen unableitbar.
Woher sind wir uns dieser Unableitbarkeit so sicher? Wer wirklich dieser Sache gewiß ist, müßte z. B. das Risiko eingehen können, demjenigen 100,– DM zu versprechen, der die Figur doch ableiten könnte. Die Herkunft dieses Wissens um die Unableitbarkeit einer Figur ist nicht ohne Vorbereitung zu analysieren. Einfacher angreifbar ist die folgende Fragestellung: Wir betrachten die Regel a → a ++. Nehmen wir diese Regel zu (1), (2) hinzu, so erweitern wir dadurch den Kalkül. Diese Erweiterung ist *echt*, d. h. es gibt Figuren, die nach der Erweiterung ableitbar sind, z. B. ++o+++, ohne vorher ableitbar gewesen zu sein. Es kommen neue Figuren als ableitbar hinzu. Das ist nicht bei jeder Erweiterung der Fall. Die Regel

(3) a → + a o +

liefert keine neuen Figuren, die Erweiterung durch (3) ist *un-*

echt. Der Leser frage sich, ob er hier demjenigen eine Geldsumme versprechen wollte, der doch aus (1), (2) und (3) eine Figur ableiten könnte, die der Leser selbst nicht schon aus (1), (2) allein ableiten könnte. Eine Regel, die keine echte Erweiterung bewirkt, also nicht wirklich mehr Figuren ableitbar macht, wollen wir *zulässig* nennen. Wir schreiben auch hierfür kurz $\vdash$, also z. B. $\vdash a \rightarrow + ao +$. Die Herkunft dieser Gewißheit der Zulässigkeit läßt sich nun vollständig analysieren. Diese Gewißheit ist zwar – wie jede Gewißheit – nicht lehrbar, aber jeder kann zum Erwerb dieser Gewißheit angeleitet werden. Wenn ich mich nicht irre, sind wir hier an der Quelle alles dessen, was logisch-mathematische Gewißheit ist.

Um dies zu verdeutlichen, sei im folgenden eine protologische Unterrichtslektion dargestellt. Nehmen wir also folgende Situation an. Von zwei Personen, etwa Fritz und Hans, hat sich Fritz verpflichtet, Hans 100,— DM zu geben, wenn Hans nach (1), (2) und (3) eine Figur ableitet, die er, Fritz, nicht nach (1), (2) allein ableiten kann. Wie kann Fritz sich auf das »Turnier« vorbereiten, um sein Geld zu retten? Nun, er überlegt sich, welche Möglichkeiten denn Hans offenstehen. Hans wird jede Ableitung mit + anfangen müssen. Dann wird er nach den Regeln (1), (2) und (3) ableiten. Wenn er einmal die Regel (3) anwendet, so wird das folgendermaßen aussehen:

+
⋮
A
⋮
+Ao+ (3)

Dann kann aber ich, so überlegt sich Fritz, den Schritt, den Hans mit (3) vollzogen hat, auch ohne (3) vollziehen, nämlich:

+
⋮
A
⋮
Ao (1)
+Ao+ (2)

Fritz wird sich also darin üben, jeden Ableitungsschritt, der (3) benutzt, zu ersetzen durch Ableitungsschritte ohne (3). Fritz lernt ein Verfahren zur Elimination der Anwendungen von (3). Ist er im sicheren Besitze dieses Verfahrens, so kann er getrost in das Turnier gehen.

Resultat: Um die Zulässigkeit einer Regel für einen Kalkül einzusehen, genügt es, sich in den Besitz eines *Eliminationsverfahrens* für diese Regel zu bringen. Die Lehre solcher Eliminationsverfahren, insbesondere von Verfahren, die nicht nur speziell auf einen Kalkül zugeschnitten sind, sondern sich allgemein anwenden lassen, das ist der Inhalt dessen, was wir Protologik nennen wollen. Protologische Überlegungen sind selbstverständlich jedem Logiker und Mathematiker geläufig. Es handelt sich nur darum, sie ins Licht des Bewußtseins zu bringen – und zu sehen, daß sie das tragende Fundament auch der üblichen Logik sind. Mit unserem »Fritz« wird der Leser die Zulässigkeit von (3) eingesehen haben. Wir könnten sagen, daß wir durch das Eliminationsverfahren die Behauptung

$$a \rightarrow + a\,o +$$

bewiesen haben.

Es seien noch zwei typische Beweisüberlegungen für Zulässigkeitsbehauptungen besprochen.

Die Regel (4) a o → a ist zulässig.

Wie kann Fritz sich diesmal auf ein Turnier vorbereiten? Wenn Hans die Regel (4) zum erstenmal zur Ableitung verwendet, so sieht das folgendermaßen aus:

$$\begin{array}{ll} + & \\ \vdots & \\ Ao & \\ \vdots & \\ A & \quad (4) \end{array}$$

Die Figur Ao ist also schon vorher abgeleitet. Zur Ableitung von Ao kann aber nur die Regel (1) benutzt worden sein. Die ganze Ableitung von Hans muß also genauer folgendermaßen aussehen:

+
⋮
A
⋮
Ao (1)
⋮
A (4)

und Fritz hat nur das erste Stück von + bis A zu wiederholen, um zu A ohne Anwendung von (4) zu gelangen.

Etwas komplizierter ist die Zulässigkeit von

(5) $a \rightarrow ++a$

einzusehen. Wer würde hier auf den ersten Blick $\vdash a \rightarrow ++a$ behaupten? Jeder kann aber auch hier eine Wette riskieren, wenn er sich mit Fritz folgendes überlegt: Ich muß zu jeder Ableitung von Hans die Figur ++A ohne (5) ableiten. Es sei hier die Regel (5) zum erstenmal angewendet. A sei also nach (1), (2) allein ableitbar. Ich bilde dann parallel zu der Ableitung

+		
⋮		+++
A	die Reihe	⋮
⋮		++A
++A (5)		

indem ich vor jede Figur ++ setze.

Der Anfang dieser Reihe +++ ist ableitbar nach (2) aus +.

Steht in der ursprünglichen Ableitung

B		++B
Bo (1)	so steht jetzt	++Bo

Das ist wieder ein Ableitungsschritt nach (1).

Steht in der ursprünglichen Ableitung

B		+++B+
+B+ (2)	so steht jetzt	++B

Das ist wieder ein Ableitungsschritt nach (2).

Insgesamt weiß Fritz jetzt, daß die von ihm gebildete Reihe eine Ableitung von ++A allein nach (1) und (2) ist. Er hat sich der Zulässigkeit von (5) vergewissert.

Damit sei die protologische Lektion hier abgeschlossen. Der Weg, der zur Erlangung der Gewißheit über solche Behauptungen wie die der Zulässigkeit von Regeln führt, dürfte klar geworden sein. Philosophisch zu beachten ist dabei insbesondere, daß die Gewißheit über solche Behauptungen nur ein anderer Ausdruck für die Gewißheit ist, im Besitze des Vermögens zu gewissen Handlungen (hier der Elimination einer Regel) zu sein. Wir gewinnen hier eine völlige Übersicht über das Verhältnis von Handeln und Erkennen – jedenfalls über die Art und Weise, wie beide hier ineinandergreifen.

Die angedeuteten protologischen Untersuchungen lassen sich wesentlich ausbauen, vervollständigen und als allgemeine Prinzipien formulieren. Ich möchte darauf hier nicht weiter eingehen, sondern nur noch das Verhältnis der Protologik zur Logik erörtern.

Es ist ja klar, daß jeder logisch Geschulte bei der Frage der Zulässigkeit von (3) sofort folgendermaßen argumentieren würde. Nach (1) und (2) haben wir die Regeln

$$a \rightarrow ao$$

$$ao \rightarrow + ao +$$

Die »Implikation« ist transitiv, *also* gilt auch $a \rightarrow + ao +$.

Er würde also das Operationszeichen $\rightarrow$ als die logische Implikation interpretieren. Die Transitivität der Implikation besagt, daß wenn A B und B C impliziert, daß dann auch A C impliziert.

Für die Protologik können wir sagen: Wenn ein Kalkül die Regeln $A \rightarrow B$ und $B \rightarrow C$ enthält, dann ist $A \rightarrow C$ zulässig. Oder etwas anders: Fügen wir zu einem beliebigen Kalkül die Regeln $A \rightarrow B$ und $B \rightarrow C$ hinzu, dann ist in diesem erweiterten Kalkül die Regel $A \rightarrow C$ zulässig. Wir formulieren diese Einsicht als

Satz 1: $A \rightarrow B;\ B \rightarrow C \vdash A \rightarrow C$

Die Gewißheit dieser Zulässigkeit erwirbt man nicht dadurch, daß man Lehrbücher der Logik liest, in denen steht, daß die Implikation transitiv ist. Wir können aber jetzt umgekehrt, nachdem wir Satz 1 durch das zugehörige Eliminationsverfahren:

$$\text{Umformung von}\quad \begin{array}{l} \vdots \\ A \\ \vdots \\ C\ (A \rightarrow C) \\ \end{array} \qquad \text{in}\quad \begin{array}{l} \vdots \\ A \\ \vdots \\ B\ (A \rightarrow B) \\ C\ (B \rightarrow C) \end{array}$$

bewiesen haben, die »logische Implikation« von Regeln dadurch definieren, daß wir eine Regel R logisch impliziert von Regeln R_1; ....; R_m nennen, wenn für *jeden* Kalkül nach Hinzufügung von R_1; ....; R_m die Regel R zulässig ist. Kurz gesagt: Zulässigkeitsbehauptungen, die für *alle* Kalküle gelten, heißen logisch. In dieser Weise läßt sich in der Tat die übliche Logik operativ, d. h. auf der Basis des schematischen Operierens, neu interpretieren. Mit Ausnahme der Negation erhält man alles genau nach der klassischen Lehre zurück. Für die Negation erhält man dagegen zunächst nur die intuitionistische Logik – mit dieser läßt sich aber bekanntlich die zweiwertige Logik zumindest als Fiktion rechtfertigen.

Es ist dabei nicht zu vergessen, wie weit die operative Interpretation von der üblichen abweicht. Es sind ja von Anfang an keine Aussagen, die wahr oder falsch sind, von denen die Rede ist, sondern von Regeln zum schematischen Operieren. Wahr und falsch gibt es gegenüber solchen Regeln nicht. Es sei hier noch gezeigt, wie z. B. die Behandlung der Disjunktion trotzdem zu den üblichen Sätzen führt. Wir gehen von irgendeinem Kalkül aus. Unter den Atomen dieses Kalküls komme die Figur v nicht vor. Wir erweitern dann den Kalkül durch die beiden folgenden Regeln

$$\begin{array}{l} a \rightarrow a\text{v}b \\ b \rightarrow a\text{v}b \end{array}$$

Das ist selbstverständlich eine echte Erweiterung. Für den erweiterten Kalkül gilt nun

Satz 2: $a \rightarrow c;\ b \rightarrow c \vdash a\text{v}b \rightarrow c$

Zum Beweis brauchen wir eine Elimination von A v B → C, die verwandt ist mit der Elimination von (4). Eine Ableitung, die AvB → C zum erstenmal benutzt, sieht folgendermaßen aus:

⋮
AvB
⋮
C (AvB → C)

Gemäß den Regeln, mit denen v eingeführt wurde, steht oberhalb von AvB eine Ableitung von A, evtl. von B. Steht dort A, dann liefert A → C sofort C, andernfalls wende man B → C an.

Bei einer axiomatischen Darstellung der Logik – die auf das Begründungsproblem also gar nicht eingeht – wird Satz 2 neben den einführenden Regeln für v als »Axiom« an die Spitze gestellt. Abgesehen von dem Beweis, der hier für Satz 2 gegeben ist, unterscheidet sich dieser Satz schon wesentlich dadurch von einem Axiom, daß man mit seiner Behauptung ein Risiko eingeht. Auch hier können wir uns wieder die Situation vorstellen, daß Fritz dem Hans eine Geldsumme verspricht, wenn Hans einen Kalkül angeben kann und in diesem Kalkül (nach Erweiterung durch v) eine Figur mit Hilfe von AvB → C ableiten kann, die Fritz nicht schon mit A → C und B → C ableiten kann.

Auf diese Weise beruht die Einsicht in logische Theoreme völlig auf protologischen Überlegungen. Darüber hinaus liefert die Protologik aber auch das Fundament für die Arithmetik. Braucht man doch zum Zählen weiter nichts als die Figuren, die nach folgendem Kalkül hergestellt werden.

Atome : 1
Variable : x, y

Anfang : 1
Regel : x → x1

Eine Überlegung, die im Prinzip nicht verschieden ist von dem Zulässigkeitsbeweis von (5), liefert sofort den Satz der arithmetischen Induktion. Um ihn zu formulieren, betrachten wir einen Kalkül, in dem gewisse Figuren A (X) ableitbar sind, wenn X eine der obigen »Zahlen« ist. Für jeden solchen Kalkül gilt

Satz 3: $A(1);\ A(x) \rightarrow A(x1) \vdash A(y)$

Zum Beweis betrachten wir eine Ableitung einer Zahl y

$$\begin{array}{ccc} 1 & & A(1) \\ \vdots & & \vdots \\ x & \text{und bilden parallel dazu} & A(x) \\ x1 & & A(x1) \\ \vdots & & \vdots \\ y & & A(y) \end{array}$$

Rechts steht ersichtlich eine Ableitung von A (y) mit dem Anfang A (1) und der Regel $A(x) \rightarrow A(x1)$. Nichts anderes als die Existenz einer solchen Ableitung behauptet Satz 3.

Nimmt man Mathematik im engeren Sinne als den Bereich des Logisch-Arithmetischen, also ohne die Geometrie als einer Lehre des Räumlich-Wirklichen, so kann der Versuch unternommen werden, diese gesamte Mathematik auf der Basis der Protologik zu errichten. Für den Mathematiker ist ersichtlich, daß die so zu erhaltende *operative Mathematik* sich von der zur Zeit üblichen Mathematik radikal unterscheiden wird. Die Überabzählbarkeit im Cantorschen Sinne kann in ihr keinen Platz finden, da man ja immer nur mit Figuren nach Regeln operiert, also im Cantorschen Sinne im Abzählbaren bleibt. Es stellt sich daher von hier aus dringend die Frage, ob die Überabzählbarkeit der modernen Mathematik mehr als eine façon de parler ist.

Das Aktual-Unendliche in der Mathematik

Aristoteles unterscheidet als erster das Potentiell-Unendliche vom Aktual-Unendlichen – und verbannt das Aktual-Unendliche aus der Philosophie und Mathematik. Der Gedanke der Unendlichkeit Gottes, der aus dem Hellenismus stammt, verbindet sich – spätestens bei Thomas – mit der von Aristoteles postulierten reinen Aktualität Gottes. So entsteht die christliche Auffassung Gottes als aktualer Unendlichkeit. In der Renaissance, besonders bei Bruno, überträgt sich die aktuale Unendlichkeit von Gott auf die Welt.

Die endlichen Weltmodelle der gegenwärtigen Naturwissenschaft zeigen deutlich, wie diese Herrschaft des Gedankens einer aktualen Unendlichkeit mit der klassischen (neuzeitlichen) Physik zu Ende gegangen ist. Befremdlich wirkt demgegenüber die Einbeziehung des Aktual-Unendlichen in die Mathematik, die explizit erst gegen Ende des vorigen Jahrhunderts mit G. Cantor begann. Im geistigen Gesamtbilde unseres Jahrhunderts – insbesondere bei Berücksichtigung des existenzialistischen Philosophierens – wirkt das Aktual-Unendliche geradezu anachronistisch.

Im folgenden sei der Versuch gemacht, darzustellen, wie es zu diesem Anachronismus kommen konnte – und anzudeuten, wie man ohne ihn in der modernen Mathematik auskommen könnte.

Der Prototyp aller Unendlichkeit liegt bei den Grundzahlen 1, 2, 3, . . . vor. Die Behauptung, daß es unendlich viele Grundzahlen gibt, wird von niemandem bestritten. Für den Logizismus, der die Zahlen »rein logisch« als Klassen äquivalenter Klassen definierte, wurde von Russell sofort ein eigenes »Unendlichkeitsaxiom« eingeführt, als sich diese Unendlichkeit wider Erwarten doch nicht »rein logisch« folgern ließ.

Unproblematisch ergibt sich diese Unendlichkeit, wenn man die Zahlen nicht als logische Begriffe, sondern als Mittel zum

Zählen einführt. Der primitive Mensch nimmt etwa Steine oder Muscheln zum Zählen. Schriftzeichen wie I, II, III, ... sind nur ein bequemer Ersatz für solche »calculi«, und unsere Zahlzeichen 1, 2, 3, ... sind wiederum nur ein bequemerer Ersatz für diese.

Wir führen die Zahlen zum Zählen ein. Hieraus folgt keineswegs die Unendlichkeit der Zahlen. Denn auf welche Weise sollten wir jemals zu unendlich-vielen zählbaren Dingen gelangen? Zur Unendlichkeit der Zahlen kommen wir erst dann, wenn wir die Zahlen, die ursprünglich nur Mittel zum Zählen sind, für sich selbst betrachten. An einem Haufen von Steinchen wird auch dann nichts zu entdecken sein. Schon in der primitiven Form I, II, III, ... der Zahlzeichen (insbesondere in den Punkten ...) steckt aber mehr: Man kennt diese erst, wenn man begriffen hat, daß sie nach einem Schema herzustellen sind. Nämlich:

(1) Man fange mit I an.

(2) Ist man zu x gelangt, so füge man noch x I an.

Diese Regeln seien hier symbolisch folgendermaßen notiert.

(1) I

(2) x → x I

Sie liefern eine konstruktive Definition der Zahlen (nämlich ihr Konstruktionsschema). Jetzt können wir sofort sagen, daß nach diesen Regeln unendlich viele Zahlen möglich sind: zu jeder Zahl x ist ja noch x I zu konstruieren. Man muß darauf achten, daß hier nur die *Möglichkeit* behauptet wird – und diese ist gerade durch die Regel selbst gesichert. Die Regel *ermöglicht* xI zu konstruieren, wenn x schon konstruiert ist. Es kann sein, daß andere Gründe die Konstruktion von xI verhindern. Die Regel selbst – als eine allgemeine – bleibt aber auf jedes x anwendbar. Wer diese Allgemeinheit versteht, wer die Idee dieser Konstruktion erfaßt hat, der hat nicht weniger als die Möglichkeit dieser Konstruktion eingesehen.

Dagegen zu behaupten, daß unendlich viele solche Zahlen wirklich seien, also wirklich nach diesen Regeln konstruiert seien – das wäre natürlich falsch. Aristoteles drückt diesen Sachverhalt im 3. Buch der Physik so aus: »Überhaupt existiert das Unendliche nur in dem Sinne, daß immer ein Anderes und wieder ein Anderes genommen wird, das eben Genommene aber immer ein Endliches, jedoch immer ein Verschiedenes und wieder ein Verschiedenes ist.«

In philosophischer Terminologie sagt man, daß das Unendliche der Zahlenfolge nur potentiell, d. h. nur als Möglichkeit existiert, aber nicht aktual, d. h. nicht als Wirklichkeit existiere.

Wie Brouwer in der von ihm begründeten intuitionistischen Mathematik gezeigt hat, hat diese potentielle Unendlichkeit zur Folge, daß zum Beispiel der von den endlichen Mengen geläufige Schluß von einem negierten Allsatz auf einen Existenzsatz (wenn A(x) nicht für alle x gilt, dann gibt es ein x, für das A(x) nicht gilt) hier nicht mehr angewendet werden darf. Die Hilbertsche Metamathematik hat dann gezeigt, daß man jedoch solche Schlüsse auch im Unendlichen rechtfertigen kann – wenn auch nur gewissermaßen als Fiktionen. Es erübrigt sich daher für den Mathematiker der Versuch, diese Schlüsse (die von großer Wichtigkeit sind, da alle indirekten Existenzbeweise daran hängen) durch ein philosophisches Argument zu verteidigen, nämlich durch die Behauptung, man dürfe sich die Menge der Zahlen auch als eine aktual-unendliche *vorstellen*. Es gibt jedenfalls ein Konstruktionsschema zur Herstellung der Zahlen, und daher ist ihre Unendlichkeit eine potentielle, unabhängig davon, ob man sich in seiner *Vorstellung* dieser Konstruktion immer erinnert oder ob man vorzieht, sie gelegentlich zu vergessen. In der Arithmetik – so wird man zusammenfassend sagen können – liegt kein Motiv zur Einführung von Aktual-Unendlichem vor.

Das überraschende Auftreten von Aktual-Unendlichem in der modernen Mathematik ist daher nur zu verstehen, wenn man die Geometrie mit in die Betrachtung einbezieht. Das vorige Jahrhundert brachte – von Cauchy bis Weierstraß – die Arithmetisierung der Geometrie. In der Antike wurde die Arithmetik geometrisiert, weil die Verhältnisse geometrischer Größen nur zum Teil, nämlich nur im kommensurablen Falle, durch

Zahlen wiedergegeben werden konnten. Wenn wir jetzt alle Verhältnisse durch Zahlen wiedergeben, so liegt das daran, daß unser Zahlbegriff erweitert worden ist. An der aktualen Unendlichkeit, die im modernen Begriff der reellen Zahl enthalten ist, ist noch seine Herkunft aus der Geometrie zu erkennen.
Zum Verständnis dieser Zusammenhänge haben wir die Problematik des Kontinuierlichen zu betrachten.
Haben wir gleich abständige Punkte auf einer Geraden, 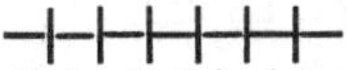 so ist daran nichts sonderlich Beunruhigendes. Jedes Stück der Geraden, das wir betrachten, enthält sicherlich nur endlich viele der markierten Punkte. Aber nehmen wir eine Strecke zwischen zwei solchen Markierungen und fragen wir uns, wie viele Punkte diese Strecke enthält! Das wird nun gleich sehr beunruhigend. Denn wir haben ja – so scheint es – auf ganz unübersehbare Weise unendlich viele Punkte vor uns, so viele und so dicht beieinander, daß sie untrennbar zusammenhängen und nicht mehr einzeln erkennbar sind. Mengen so zusammenhängender Dinge nennt man kontinuierlich. Der paradoxe Charakter der kontinuierlichen Unendlichkeit war schon in der Antike bekannt. Es gibt den berühmten »Beweis« des Zenon im 5. Jahrhundert, daß Achilles eine Schildkröte, die einen gewissen Vorsprung hat, nicht einholen kann. Denn in der Zeit, in der er den Vorsprung aufholt, gewinnt die Schildkröte einen neuen, wenn auch kleineren Vorsprung. Wird auch dieser aufgeholt, so ergibt sich trotzdem wieder ein neuer, und so weiter ohne Ende. Also, so sagt Zenon, kann Achilles die Schildkröte niemals einholen.
Mit der Großzügigkeit, die den Mathematikern in philosophischen Fragen zu eigen ist, könnte man versuchen, über diese »sophistischen« Schwierigkeiten einfach hinwegzugehen. Ob eine kontinuierliche Strecke mit der unendlichen Menge ihrer Punkte zu identifizieren sei – oder was sie ihrem Wesen nach sonst sei –, wozu braucht man das alles zu wissen, wenn man nur mit den Strecken konstruktiv umgehen kann, ihre Länge messen kann usw. Das Problem des Kontinuierlichen, des Unendlich-Kleinen, ist aber aufdringlicher, als uns lieb sein mag.

In seinem berühmten Habilitationsvortrag von 1854 sagt der Mathematiker B. Riemann: »Die Fragen über das Unmeßbare sind für die Naturerklärung müßige Fragen. Anders verhält es sich aber mit den Fragen über das Unmeßbarkleine. Auf der Genauigkeit, mit welcher wir die Erscheinungen ins Unendlichkleine verfolgen, beruht wesentlich die Erkenntnis ihres Zusammenhanges.« Schon wenn wir von der Längenmessung zur Flächenmessung übergehen, tritt uns das Unendlichkleine in dem bekannten Cavalierischen Prinzip (Cavalieri war ein Schüler Galileis) entgegen. Z.B. werden Dreiecke mit gleicher Grundlinie und Höhe auf folgende Weise als flächengleich erkannt. Jede Parallelgerade zur Grundlinie hat mit den Dreiecken längengleiche Schnitte. Da nun die Dreiecke, so argumentierte Cavalieri, die »Summe« aller ihrer – allerdings kontinuierlich vielen – Schnitte sind, so sind sie flächengleich.

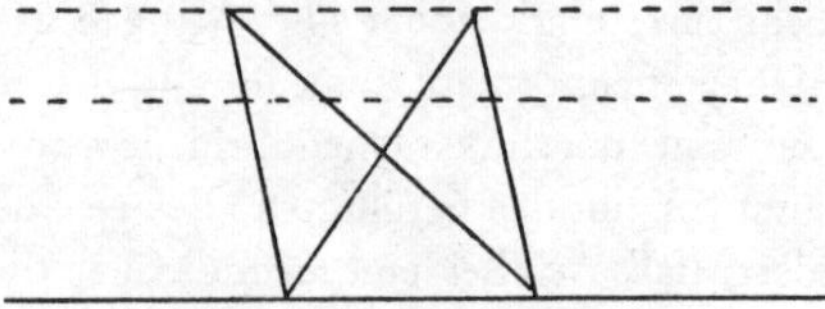

Dieser Beweis wird jedem, so hoffe ich, einiges Unbehagen bereiten. Man vermeidet ihn daher auch immer, indem man die Dreiecke verdoppelt, so daß Parallelogramme entstehen, und ein Parallelogramm ist leicht als flächengleich mit dem Rechteck aus Grundlinie und Höhe zu erkennen. Dieser Ausweg ist bei Raummessungen nicht mehr möglich. Man hat sogar – vor etwa 50 Jahren – diese Unmöglichkeit beweisen können. Pyramiden mit gleicher Grundfläche und Höhe sind nach dem Cavalierischen Prinzip raumgleich, weil jede Parallelebene zur Grundfläche mit den Pyramiden flächengleiche Schnitte hat. Die Berechnung des Rauminhaltes von Pyramiden mit der Formel:

$$\text{Rauminhalt} = \tfrac{1}{3} \times \text{Grundfläche} \times \text{Höhe}$$

kann man auf keine Weise als Sophistik abtun. Sie war schon den alten Ägyptern, die ja die Pyramiden überhaupt erfunden haben, bekannt. Und hier tritt die Zerlegung des Kontinuums unvermeidlich auf: Eine Strecke wird als Menge von Punkten, eine Fläche als Menge von Strecken, ein Körper als Menge von Flächen aufgefaßt.

Gewiß, wer auch nur etwas von der modernen Infinitesimalrechnung kennt, weiß, daß man dort nicht mehr mit Summen aus kontinuierlich vielen Summanden rechnet. Man braucht sich auch nicht mehr damit herumzuquälen, warum z.B. entsprechend dem Cavalierischen Prinzip nicht auch die Flächengleichheit aller Kreisringe gleicher Breite folgt.

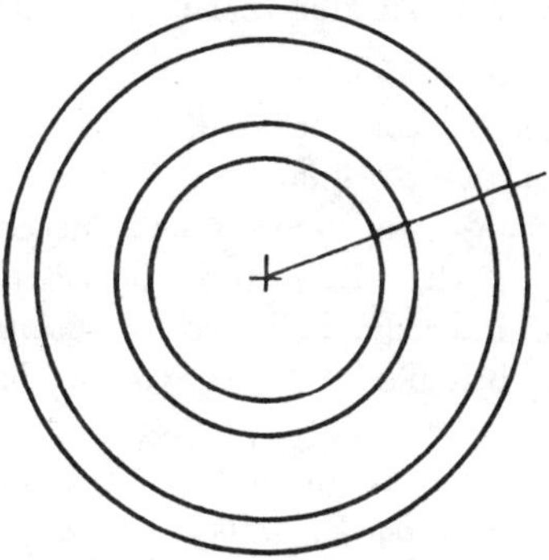

Hier schneidet doch auch jede Gerade durch den Mittelpunkt beide Kreisringe in gleichen Strecken: die Ringflächen werden in kontinuierlichen Summen gleicher Strecken zerlegt.

Eine kritische Prüfung der modernen Infinitesimalrechnung zeigt nun aber, daß auch sie noch, trotz ihrer unbestreitbaren großen Erfolge, »auf Sand gebaut ist«, wie H. Weyl, einer der bedeutendsten Mathematiker der Gegenwart, sagte. Die rechnerische Behandlung aller geometrischen Probleme, die in ihr üblich ist, gründet sich nämlich darauf, daß jede Strecke stets durch die Menge ihrer Punkte ersetzt wird. Dies geschieht auf Grund des folgenden Zusammenhanges zwischen Arithmetik und Geometrie. Wenn auf einer Geraden zwei Punkte ausgewählt sind,

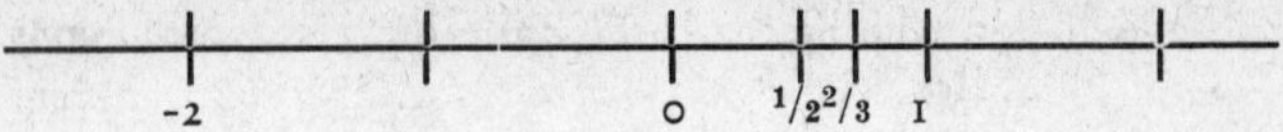

und diesen die Zahlen 0 und 1 zugeordnet werden, so lassen sich auch den anderen Zahlen, zunächst den ganzen Zahlen und den gebrochenen Zahlen, z. B. -2, $^1/_2$, $^2/_3$, ... Punkte zuordnen. Die gebrochenen Zahlen schreiben wir üblicherweise als Dezimalbrüche, z. B.

$$^1/_2 = 0{,}5; \qquad ^2/_3 = 0{,}666\,.....$$

Die moderne Mathematik geht nun davon aus, daß auch jedem unendlichen Dezimalbruch, bekannt sind z. B.

$$\sqrt{2} = 1{,}414\,..... \qquad \pi = 3{,}14159\,....$$

genau ein Punkt zugeordnet werden kann. Die geometrische Gerade wird durch die arithmetische Menge aller reellen Zahlen (so nennt man ja die endlichen und unendlichen Dezimalbrüche) ersetzt. Dieser arithmetische Begriff der Menge aller reellen Zahlen ist augenscheinlich von der Geometrie aus motiviert. Man spricht daher auch stets vom arithmetischen Kontinuum.

Das arithmetische Kontinuum ist nun das Musterbeispiel einer aktualistisch aufgefaßten Unendlichkeit. Es gibt kein Schema, nach dem die reellen Zahlen zu konstruieren wären in dem aristotelischen Sinne, daß immer ein Anderes und wieder ein Anderes genommen wird, das eben Genommene aber immer ein Endliches ist. Man stellt sich vielmehr die reellen Zahlen als alle auf einmal wirklich vorhanden vor – es wird sogar jede reelle Zahl als unendlicher Dezimalbruch selbst schon so vorgestellt, als ob die unendlich vielen Ziffern alle auf einmal existierten. Der radikale Unterschied, der zwischen endlichen und unendlichen Dezimalbrüchen besteht, wird von vornherein verwischt. Einen endlichen Dezimalbruch kann man hinschreiben, einen unendlichen niemals. Von einer Aufeinanderfolge unendlich vieler Ziffern zu reden, ist also – wenn es nicht überhaupt Unsinn ist – zumindest ein großes Wagnis. Hierüber wird im mathematischen Unterricht zur Zeit aber meist kein Wort verloren. Es ist diese in der modernen Mathematik seit dem 17. Jahrhundert latente Aktualunendlichkeit der reellen Zahlen, die mit Cantor erstmalig völlig ans Licht tritt – und auf sie ist die gegenwärtige Anerkennung der Cantorschen Unendlichkeitsauffassung zurückzuführen.

Mit der Zulassung der Menge aller reellen Zahlen als legitimen Gegenstand der Mathematik ist gleichwertig die Zulassung der »Potenzmenge«, d. h. der Menge aller Untermengen. Für eine endliche Menge von n Elementen gibt es 2^n Untermengen. Für eine unendliche Menge, z. B. die Menge G der Grundzahlen, ist es zunächst sinnlos, von der Menge *aller* Untermengen von G zu sprechen. Gewiß gibt es unendlich viele Untermengen, z. B. die Menge der Quadratzahlen, die Menge der Kubikzahlen, die Menge der Biquadratzahlen, usw. – aber nach welchem Verfahren sind *alle* Untermengen zu erhalten?

Nach Cantor kann es keine Folge $M_1, M_2, \ldots, M_n, \ldots\ldots$ geben, die alle Untermengen von G enthält, denn die Menge M derjenigen Zahlen n, für die n nicht in M_n enthalten ist, ist von allen Gliedern der Folge verschieden: $M \neq M_n$ (wegen $n \varepsilon M \longleftrightarrow n \notin M_n$).

Im Anschluß an diesen unbezweifelbaren Sachverhalt hat Cantor seine Theorie der transfiniten Zahlen geschaffen – und es ist diese gewesen, die zu den ersten Widersprüchen der Mengenlehre geführt hat.

Die »Lösung« des Problems dieser Widersprüche durch ein Verbot aller aktual-unendlichen Mengen war naheliegend, – sie war aber nicht akzeptabel, solange man nicht wußte, wie man den wesentlichen Bestand der klassischen (neuzeitlichen) Infinitesimalrechnung trotzdem beibehalten konnte. Die Theorie der infinitesimalen Prozesse wie Differentiation und Integration schien doch gerade im 19. Jahrhundert erstmalig auf festen Grund gestellt zu sein – und gerade mit Hilfe der Definition der reellen Zahlen durch »beliebige« Folgen bzw. Mengen von rationalen Zahlen.

Es ist auch klar, daß wir auf diese klassische Analysis nicht wieder verzichten können. Der Rückzug auf die griechische

Mathematik, die einwandfrei potentialistisch war, ist uns nicht mehr möglich. Die griechische Mathematik war zwar für die damalige Physik, die im wesentlichen Statik und Kinematik war, geeignet, sie ist aber völlig unzureichend für die Dynamik, für die modernen Feldtheorien des Elektromagnetismus und der Gravitation, wie auch für die Quantentheorie. Das ist das schwierige Dilemma, in dem sich die moderne Mathematik befindet. Meines Erachtens ist dieses Dilemma nicht ausweglos. Es lassen sich Wege finden, die großartige Anwendbarkeit der modernen Mathematik auch zu gewinnen auf der Grundlage der potentialistischen These, daß das Kontinuum keine unendliche Menge von Punkten, sondern nur der Möglichkeit nach Träger von unendlich vielen Punkten ist. Aristoteles drückt diese Auffassung im 8. Buch der Physik so aus: »In dem Kontinuierlichen sind allerdings unendlich viele Teilpunkte, aber nicht als Wirklichkeit, sondern bloß als Möglichkeit. Denn es ist für die Linie bloß ein je Vorkommendes, daß sie unendlich viele Teilpunkte hat, ihr Wesen hingegen und ihr eigentliches Sein ist ein anderes.«

Der Kern der zu lösenden Aufgabe liegt darin, die Cantorsche Potenzmenge der Menge G aller Grundzahlen durch eine geeignete potentiell-unendliche Menge zu ersetzen. Dazu ist also ein Konstruktionsverfahren für die Untermengen von G, d. h. für die Mengen aus Grundzahlen anzugeben. Die Möglichkeit zu einer solchen Konstruktion ist zuerst von H. Weyl gesehen worden. Man hat dazu von den beiden folgenden Sachverhalten auszugehen: (1) Jede Menge von Grundzahlen ist gegeben als die Menge derjenigen Zahlen x, die eine gewisse Aussageform A(x) erfüllen, (2) die Aussageformen sind endliche Figuren, wie reichhaltig die verwendeten sprachlichen Mittel auch immer sein mögen. Also hat man anstelle der Potenzmenge eine geeignete potentiell-unendliche Menge von Aussageformen zu konstruieren. Diese Aufgabe ist nicht eindeutig lösbar, es gibt verschiedene Konstruktionen, die dem jeweiligen Zweck mehr oder weniger angepaßt sind. In meiner »operativen Mathematik« ist eine Konstruktion durchgeführt, die gestattet,

den Satzbestand der klassischen Analysis im wesentlichen unverändert beizubehalten.
Wenn die hier entwickelten Auffassungen richtig sind, steht damit die moderne Mathematik nochmals vor einer Reform, vor einer Reform von etwa dem Ausmaß wie der Einführung der Epsilontik im 19. Jahrhundert, als der naive Stetigkeitsbegriff durch ε, δ -Definitionen ersetzt wurde.
Genau wie es damals galt, das Unendlich-Kleine aus der Mathematik zu eliminieren, gilt es jetzt auch noch das Unendlich-Große (genauer: das Aktual-Unendliche) als entbehrlich zu erweisen. Die Triebfeder dieser Reform ist nicht in einem selbstgenügsamen Purismus zu suchen, sondern in dem Willen, die absolute Sicherheit und Verbindlichkeit der Mathematik wiederherzustellen, die gegenwärtig in den mengentheoretischen Widersprüchen bzw. deren Umgehung durch einigermaßen willkürliche mengentheoretische Formalismen verlorenzugehen droht.

Die klassische Analysis als eine konstruktive Theorie

Der Kampf um die Cantorsche Mengenlehre ist etwa seit den dreißiger Jahren zu einem Stillstand gekommen. Gegenüber den sogenannten Schwierigkeiten der intuitionistischen Mathematik hat sich eine formalistische Mathematik als die einfachere in der Gegenwart durchgesetzt. Die theoretische Begründung der formalistischen Mathematik, die Hilbert in seiner Metamathematik geben wollte, ist zwar durch die Gödelschen Resultate ebenfalls in Schwierigkeiten geraten, aber gerade diese Schwierigkeiten auf beiden Seiten haben die Entwicklung eines pragmatischen Formalismus begünstigt: man benutzt Formalisierungen der Cantorschen Mengenlehre, weil diese angeblich für die klassische Analysis unentbehrlich sei – und weil die klassische Analysis ihrerseits für andere Wissenschaften, insbesondere auch für Technik und Industrie, d. h. letztlich für das Überleben der modernen Gesellschaft unentbehrlich sei.

Gegenüber diesem »survival value« haben alle philosophischen Skrupel zu verstummen. Es wäre doch unvernünftig, das Lebensrecht der modernen Gesellschaft in Zweifel zu ziehen, bloß weil etwa Aristoteles und Kant behauptet haben, daß Unendlichkeit für den Menschen nur potentiell, d. h. nur der Möglichkeit nach, gedacht werden könne.

Es schiene mir sehr lohnend, dem hier zugrunde liegenden Mißtrauen gegenüber philosophischen Spekulationen nachzugehen und das naive Selbstvertrauen der modernen Wissenschaft, auf dem es beruht, seinerseits philosophisch zu kritisieren – aber das würde voraussetzen, daß man bereit wäre, die erkenntniskritische Frage Kants, wie denn nichtempirische Wissenschaft überhaupt möglich sei, noch einmal in aller Ruhe und Gründlichkeit von Anfang an, d. h. von Platon und Aristoteles an, wieder aufzunehmen.

Da ich jedoch den Eindruck habe, daß – jedenfalls unter Mathe-

matikern – diese Bereitschaft nicht vorhanden ist, lasse ich im folgenden alle philosophische Kritik beiseite.
Statt dessen schlage ich vor, daß wir uns als Mathematiker die Frage vorlegen, ob die zu Cantors Zeiten vorgenommene Umgestaltung der klassischen Analysis, insbesondere ihrer Axiomatisierung zu Anfang unseres Jahrhunderts nicht durch eine andere Umgestaltung ersetzt werden könne, die alle mengentheoretischen Schwierigkeiten vermeidet, ohne dadurch an Nützlichkeit für die übrigen Wissenschaften zu verlieren. Lehrreich dürfte ein Vergleich mit der klassischen Arithmetik (Zahlentheorie) sein – man denke etwa an Fermat, Euler und Gauss und an ihre Umgestaltung durch Dedekind und Peano zu einer axiomatischen Theorie. Im Falle der Arithmetik ist der Grundlagenstreit in der Tat ein rein philosophischer: ob man Konstruktivist ist oder Axiomatizist, es werden dieselben mathematischen Sätze anerkannt – nur die Frage ihrer philosophischen Interpretation ist strittig.
Der Konstruktivist beginnt mit einer Konstruktion der Zahlen, indem er zunächst Ziffern konstruiert – etwa in der primitivsten Form $|$, $||$, $|||$, . . ., der Axiomatizist schreibt dagegen als Axiome an, daß es eine Zahl $|$ gäbe und daß es zu jeder Zahl n eine weitere Zahl $n|$ gäbe.
Der Konstruktivist beweist dann das Induktionsprinzip

$$A(|) \wedge \bigwedge_m . A(m) \rightarrow A(m|) . \rightarrow \bigwedge_n A(n)$$

– etwa durch Angabe einer Strategie zur Verteidigung dieser Aussage – der Axiomatizist könnte diese Angabe zwar durchaus verstehen, aber er läßt so etwas nicht als »Beweis« gelten, sondern beschränkt sich vielmehr auf das Ableiten nach den Regeln eines ein wenig unmotiviert hinzugenommenen Logikkalküls.
Wie man sieht, bleibt hier keine Differenz bestehen, wenn man großzügig über alle Wörter hinweghört und nur auf die Formeln achtet, die beim Streit an die Tafel geschrieben werden.
Wir können also feststellen, daß es für das Peano-Axiomen-

system ein konstruktives Modell, eben die konstruktive Arithmetik, gibt, und – ob das nun die Axiomatizisten wahrhaben wollen oder nicht – das ist der Grund, weshalb die Konstruktivisten alle Ableitungen aus dem Peano-Axiomensystem als arithmetische Sätze anerkennen können.

Im Falle der klassischen Analysis ist die Situation ganz anders. Nehmen wir etwa das Axiomensystem, das von den reellen Zahlen fordert, daß sie einen vollständigen, archimedisch geordneten Körper bilden sollen, so tritt in dem Vollständigkeitsaxiom der Begriff einer beliebigen »Menge von reellen Zahlen« auf. Für diesen Begriff muß daher eine axiomatische Mengenlehre hinzugefügt werden. Erst dadurch entsteht eine axiomatische Theorie, die in der Sprache der elementaren Logik (also allein mit Junktoren und Quantoren) formuliert ist. Der Unterschied zur Arithmetik liegt darin, daß für solche Axiomatisierungen der klassischen Analysis kein konstruktives Modell bekannt ist.

Was ist in dieser Situation zu tun? Man kann versuchen, die Frage nach einem konstruktiven Modell als verfehlt darzustellen – das führt unvermeidlich ins Philosophieren. Man könnte statt dessen versuchen, ein konstruktives Modell zu finden – dagegen wäre nichts einzuwenden, ich selber weiß allerdings nicht, wo ich es denn suchen sollte.

Statt dessen möchte ich vorschlagen, die Fragestellung umzukehren: nicht ein konstruktives Modell für eine vorgegebene Axiomatisierung zu suchen, sondern vielmehr eine Erweiterung der konstruktiven Arithmetik zu suchen, für die dann hinterher, wer will, nach passenden Axiomatisierungen suchen kann.

Es soll also im folgenden eine konstruktive Theorie skizziert werden, die an die Stelle der naiven klassischen Analysis treten könnte – und es wird dabei darauf zu achten sein, daß die konstruktive Theorie für die Physik mindestens so nützlich ist, wie es die derzeitigen axiomatischen Theorien angeblich sind.

Da bis in unser Jahrhundert die Analysis niemals eine axiomatische Theorie gewesen ist, sondern in naiver Weise konstruktiv, sollte man erwarten dürfen, daß keine artifiziellen Konstruktionen zu ersinnen sind, sondern daß die in der Tradition der Analysis intendierten Konstruktionen nur explizit zu machen sein werden.

Für die Erweiterung der Arithmetik der natürlichen Zahlen zu einer Arithmetik der rationalen Zahlen, evtl. auch der algebraischen Zahlen, ist das bekanntlich der Fall. Ich will daher eine konstruktive Theorie der rationalen Zahlen (durch eine Äquivalenzrelation zwischen Brüchen, d. h. Paaren von natürlichen Zahlen) hier als bekannt voraussetzen.

Die Schwierigkeiten beginnen erst mit der Suche nach einer geeigneten Konstruktion von reellen Zahlen, weil gleichzeitig geeignete Mengen und Funktionen aller zu konstruierenden Zahlen mit konstruiert werden müssen. Als das zu erreichende Ziel einer Rekonstruktion der klassischen Analysis setze ich dabei den Fundamentalsatz

$$ID = \Delta$$

an: für jede einstellige differenzierbare Funktion φ ist die Derivierte $D\varphi$ integrierbar und das Integral $ID\varphi$ ist die Differenz $\Delta\varphi$. Zu den differenzierbaren Funktionen sollen dabei zumindest die bekannten elementaren Funktionen gehören, von denen übrigens zu zeigen ist, daß sie in ihre Taylorreihen entwickelbar sind. Für mehrstellige Funktionen soll der Fundamentalsatz zum Stokesschen Satz verallgemeinert werden. Er schreibt sich dann mit Differentialen in der Form

$$\int d = \oint$$

d. h. für jede differenzierbare Differentialform ω ist $d\omega$ integrierbar und das Integral $\int d\omega$ ist das Randintegral $\oint\omega$. Als Integrationsbereiche wird man zumindest alle stetig differenzierbaren topologischen Bilder endlicher Intervallsummen fordern müssen.

Hiermit soll nur angedeutet sein, wie weit die zu konstruierende Analysis gehen soll. Daß das Integral, das zu verwenden ist, das Riemannsche sein muß, ist durch diese Forderungen nicht festgelegt – es zeigt sich im Gegenteil, daß die Forderungen mit einem volladditiven Integral leichter zu erfüllen sind.

Eine Ausführung des Programms erfordert ein ganzes Lehrbuch*. Ich möchte daher hier nur diejenigen Stellen aufzählen, an denen eine Abweichung von den Formulierungen der Cantorschen Mengenlehre erforderlich ist. Ich gebe die Liste der Abweichungen hier *vollständig* an, damit der Leser selber beurteilen möge, ob die Einfachheit oder Nützlichkeit der klassischen Analysis dadurch beeinträchtigt wird. Die Abweichungen treten an vier Stellen auf:

(1) beim Mengen- und Funktionsbegriff;
(2) bei der Vollständigkeit der reellen Zahlen;
(3) bei einigen Sätzen über reelle Funktionen;
(4) bei einigen Sätzen über mehrdimensionale Bereiche.

I. Der Mengenbegriff

Während üblicherweise die Abstraktion, d. h. der Übergang von gewissen Objekten, zwischen denen eine Äquivalenzrelation besteht, zu abstrakten Objekten, derart daß die abstrakten Objekte die gegebenen Objekte bis auf Äquivalenz repräsentieren, zurückgeführt wird auf eine Mengenbildung, nämlich die Bildung von Äquivalenzklassen, ist es hier erforderlich, umgekehrt die Mengen (und Funktionen) als abstrakte Objekte einzuführen.

Die nicht-mengentheoretische Abstraktion geschieht als eine façon de parler: man beschränkt sich in den Aussagen über die gegebenen Objekte auf invariante Aussagen: die Gültigkeit der Aussage soll invariant gegenüber der Ersetzung eines Objektes durch ein äquivalentes sein. Man formuliert dann die invarianten Aussagen so, als ob sie Aussagen über neue, eben die abstrakten Objekte wären.

Als einfachstes Beispiel seien die rationalen Funktionen mit rationalen Zahlen als Argumenten genannt. Sind $r, s, \ldots$ Variable für rationale Zahlen, so lassen sich rationale *Terme*

* *Differential und Integral*, Frankfurt a. M. 1965.

$$\frac{a_0 + a_1 r + a_2 r^2 + \ldots}{b_0 + b_1 r + b_2 r^2 + \ldots}$$

konstruieren. Zwei Terme $S(r)$ und $T(r)$ heißen äquivalent, wenn $S(r) = T(r)$ für alle r gilt. Wir sagen von äquivalenten Termen, daß sie dieselbe (rationale) Funktion darstellen: Funktionen sind Termabstrakta.

Mengen rationaler Zahlen werden entsprechend als Abstrakta aus Formeln (d. h. Aussageformen) konstruiert.

Als Grundformeln haben wir zunächst Termgleichungen $S = T$ und gewinnen weitere Formeln durch Zusammensetzung mit den logischen Partikeln: $\wedge$, $\vee$, $\rightarrow$, $\neg$, $\bigwedge_r$, $\bigvee_r$

Zwei Formeln $A(r)$ und $B(r)$ heißen äquivalent, wenn gilt

$$\bigwedge_r . A(r) \rightarrow B(r).$$

Wir sagen von äquivalenten Formeln, daß sie dieselbe Menge darstellen. Wir formulieren eine invariante Aussage über die Formel $A(r)$ als eine Aussage über die Menge $\varepsilon_r\, A(r)$.

Speziell wird die ε-Relation definiert durch

$$s\ \varepsilon\ \varepsilon_r\, A(r) \rightleftharpoons A(s)$$

Was für Mengen es gibt, hängt demnach von unserer Konstruktion von Aussageformen ab. Um weitere Grundformeln zu bekommen, lassen sich induktive Definitionsschemata verwenden. Für die Zwecke der Analysis ist z. B. ausreichend das folgende Schema zur induktiven Definition einer mehrstelligen Menge M (d. h. einer Relation)

$$1, x\ \varepsilon\ M \longleftrightarrow A(x)$$
$$n + 1, x\ \varepsilon\ M \longleftrightarrow B_M(n, x)$$

in der x eine Variable für irgendwelche Objekte ist. Die Formel $B_M(n, x)$ darf nur Teilformeln $s, T\ \varepsilon\ M$ mit $s \leq n$ enthalten. Unter dieser Bedingung ist ersichtlich für jedes n eindeutig eine Formel $C(x)$ zu konstruieren, die äquivalent zu $n, x\ \varepsilon\ M$ ist, d. h. M ist durch das Schema induktiv definiert.

Für die Analysis genügt es, diese Minimalforderungen (Zulassung der logischen Partikeln und der induktiven Definitionen) an die zu konstruierenden sprachlichen Mittel zu stellen. Es ist nicht erforderlich festzulegen, daß damit die Konstruktion einer Sprache abgeschlossen sein soll. Jede abgeschlossene Konstruktion liefert ja nur abzählbar viele Formeln, sie könnte also nach dem Cantorschen Diagonalverfahren durch induktive Definition einer Abzählung aller Formeln erweitert werden. Rechnet man zur Potenzmenge, etwa zur Potenzmenge der Menge der natürlichen Zahlen, alle »überhaupt möglichen« Mengen von natürlichen Zahlen, so ist diese Potenzmenge durch keine Konstruktion einer Sprache zu erhalten. Die Potenzmenge ist daher kein Objekt einer konstruktiven Theorie. Trotzdem lassen sich unbedenklich Aussagen über alle ihre Elemente, also über alle Mengen M von natürlichen Zahlen formulieren, z. B. für alle Mengen $M: 1 \varepsilon M \wedge \bigwedge_m . m \varepsilon M \rightarrow m + 1 \varepsilon M . \rightarrow \bigwedge_n n \varepsilon M$. Für die Gültigkeit dieser Aussage braucht man nicht zu wissen, mit welchen sprachlichen Mitteln die Menge M darstellbar ist. Da der Quantor »für alle Mengen« sich hier nicht auf einen abgeschlossenen (konstruierbaren) Variabilitätsbereich bezieht, heiße der Quantor ein *indefiniter* Quantor.

Auch die Allgemeinheit logischer Sätze, etwa

$$A \wedge B \rightarrow A \vee B$$

läßt sich nur durch einen indefiniten Quantor »für alle Aussagen A, B« formulieren.

Der mengentheoretische Satz

$$M \cap N \subseteq M \cup N \text{ für alle Mengen } M, N$$

ist nur eine andere Formulierung des logischen Satzes.

II. Reelle Zahlen

Zur Definition der reellen Zahlen kann man nach Cauchy Folgen rationaler Zahlen benutzen, die konzentriert sind. Eine Folge rationaler Zahlen ist dabei zu definieren als eine Funktion, deren Argumente die natürlichen Zahlen sind und deren Werte rational sind. Jede Folge muß also durch einen Term

$T(n)$ darstellbar sein. Wenn wir von *allen* Folgen sprechen, benutzen wir einen indefiniten Quantor – in den darstellenden Termen sollen aber keine indefiniten Quantoren vorkommen: die Terme sollen definit sein.
Bezeichnen wir mit r_* die Folge, deren Glieder $r_1, r_2 \ldots$ sind, so heißt r_* konzentriert, wenn gilt

$$\bigwedge_{\varepsilon} \bigvee_{N} \bigwedge_{n_1, n_2 > N} | r_{n_1} - r_{n_2} | < \varepsilon$$

Hierin ist ε eine Variable für positive rationale Zahlen.
Zwei konzentrierte Folgen r_*, s_* heißen äquivalent, wenn die Differenzfolge $r_* - s_*$ eine Nullfolge ist. Die durch Abstraktion bezüglich dieser Äquivalenzrelation entstehenden abstrakten Objekte werden *reelle Zahlen* genannt. Die aus r_* abstrahierte reelle Zahl werde mit $lim\ r_*$ bezeichnet.
Werden $\xi, \eta, \ldots$ als Variable für reelle Zahlen benutzt, so ist zu beachten, daß »für alle ξ« jetzt ein indefiniter Quantor ist. Ein solcher Quantor darf also nicht in dem darstellenden Term einer reellen Zahl, d. h. ihrer konzentrierten Folge, vorkommen. Um die indefiniten Quantoren gegenüber den definiten Quantoren (deren Variabilitätsbereich konstruierbar ist) kenntlich zu machen, sei daher im folgenden $\underset{\xi}{\mathbb{\Lambda}}$ anstelle von $\bigwedge_{\xi}$ geschrieben, entsprechend $\underset{\xi}{\mathbb{V}}$ anstelle von $\bigvee_{\xi}$.
Eine reelle Folge ξ_* besteht aus Gliedern $\xi_m = lim\ r_{m*}$. Es muß also eine Doppelfolge von Gliedern $r_{m\,n}$ durch einen 2-stelligen Term $T(m, n)$ dargestellt sein. Wenn dieser Term definit ist, heiße auch die reelle Folge definit. Es gilt dann das Cauchysche Konvergenzkriterium: zu jeder *definiten* konzentrierten Folge reeller Zahlen gibt es eine reelle Zahl als Limes. Der übliche Beweis zeigt in der Tat, wie die Limeszahl durch einen *definiten* Term dargestellt werden kann.
Die Vollständigkeit verlangt die Existenz einer oberen Grenze für nicht leere, beschränkte Mengen M reeller Zahlen. Will man nach dem üblichen Beweis eine rationale Folge r_* mit der obe-

ren Grenze als Limes konstruieren, so hat man zu setzen

$$r_n = \frac{T(n)}{n} \text{ mit } T(n) = \mu_m \bigwedge_{M^\xi} \xi \leq \frac{m}{n}$$

Es ist deutlich zu sehen, daß hier ein indefiniter Term auftritt. Der Vollständigkeitssatz wird also einzuschränken sein. Eine einfache Möglichkeit ist die folgende: wir betrachten zu der Menge M von reellen Zahlen (diese ist durch eine Aussageform über gewisse Terme dargestellt) die Unterklasse, d. h. die Menge $\varepsilon_r \bigvee_{M} {}_\xi\, r < \xi$. Wir haben hier eine indefinite Darstellung dieser Unterklasse vor uns. Aber es mag Fälle geben, in denen diese Unterklasse auch eine definite Darstellung gestattet. Dann heiße die Unterklasse selber definit.

Der übliche Beweis liefert dann ohne Schwierigkeit den folgenden *Vollständigkeitssatz*: jede nichtleere beschränkte Menge mit *definiter* Unterklasse hat eine obere Grenze.

Es ist im folgenden zu zeigen, daß diese Einschränkung für den weiteren Ausbau der klassischen Analysis keine Rolle spielt, weil die einschränkende Bedingung der definiten Unterklasse in den erforderlichen Fällen erfüllt ist.

III. Reelle Funktionen

Von einer reellen Funktion φ wird verlangt, daß sie – etwa in einem Intervall – auf *alle* reellen Zahlen als Argumente anwendbar ist. Dies läßt sich z. B. dadurch realisieren, daß eine Funktion φ zunächst auf alle rationalen Argumente anwendbar ist und dann aufgrund der Stetigkeit auf beliebige Argumente ausgeweitet werden kann. Dies ist im Einklang mit der Indefinitheit der Menge aller reellen Zahlen. Wir setzen im folgenden stets voraus, daß die auf rationale Argumente eingeengte Funktion *definit* sei. Die Stetigkeit wird definiert mit Hilfe des Limesbegriffes für Funktionen.

Wir setzen

$$\lim_{\xi_0} \varphi = \eta_0 \rightleftharpoons \bigwedge_{\varepsilon} \bigvee_{\delta} \mathbb{A}_{\xi}. |\xi - \xi_0| < \delta \rightarrow |\varphi\xi - \varphi\xi_0| < \varepsilon.$$

Die rechte Seite wird eine definite Formel, wenn die Variable ξ durch eine Variable r für rationale Zahlen ersetzt wird. Wir schreiben dann

$$\lim_{r \sim\rightarrow \xi_0} \varphi r = \eta_0$$

Trivialerweise gilt

$$\lim_{\xi_0} \varphi = \eta_0 \rightarrow \mathbb{A}_{\xi_*}. \lim \xi_* = \xi_0 \rightarrow \lim \varphi\ \xi_* = \eta_0.$$

Die übliche Umkehrung dieses Satzes ist hier nicht möglich, weil beim Beweis das Auswahlprinzip

$$\bigwedge_{n} \mathbb{V}_{\xi} A(n,\xi) \rightarrow \mathbb{V}_{\xi_*} \bigwedge_{n} A(n,\xi_n)$$

benutzt wird.
Bei Beschränkung auf rationale Variable gilt jedoch

$$\mathbb{A}_{r_*}. \lim r_* = \xi_0 \rightarrow \lim \varphi r_* = \eta_0. \rightarrow \lim_{r \sim\rightarrow \xi_0} \varphi r = \eta_0$$

Diese Umkehrung genügt, um auf dem üblichen Wege die gleichmäßige Stetigkeit stetiger Funktionen in einem abgeschlossenen Intervall $[\alpha \mid \beta]$ zu beweisen, denn es gilt

$$\mathbb{A}_{\substack{\xi_0 \\ [\alpha|\beta]}} \lim_{r \sim\rightarrow \xi_0} \varphi r = \varphi\xi_0 \rightarrow \varphi \text{ gleichmäßig stetig in } [\alpha|\beta]$$

Als eine Anwendung des Vollständigkeitssatzes sei der Zwischenwertsatz angeführt. Gilt $\varphi\ \alpha < c < \varphi\beta$, so wird die

definite Menge $\underset{[\alpha|\beta]}{\varepsilon r}\ \varphi r \leq c$ gebildet. Sie hat eine obere Grenze – und diese ist das gesuchte Zwischenargument.
Die Definitheit der rationalen Einengung ist insbesondere für die elementaren Funktionen erfüllt. Als elementare Grundfunktionen genügen die Potenzfunktionen, die Exponentialfunktionen und die Winkelfunktionen einschließlich ihrer Umkehrfunktionen. Zunächst sind die Potenzfunktionen j^n mit ganzzahligen Exponenten trivial zu definieren. Rationale Exponenten erhält man durch Umkehrung. Damit ist für jede reelle Zahl a die Exponentialfunktion a^j für rationale Argumente definiert. Wegen der gleichmäßigen Stetigkeit läßt sie sich eindeutig auf alle reellen Argumente ausweiten. Ihre Umkehrung ergibt eine Logarithmusfunktion.
Um zu den Winkelfunktionen zu kommen, ist der folgende Weg möglich: für komplexe Zahlen setze man

$$i^{\frac{m}{2^n}} = \mathrm{Cos}\,\frac{m}{2^n} + i\,\mathrm{Sin}\,\frac{m}{2^n}$$

Dadurch sind Cos und Sin für alle dyadisch-rationalen Zahlen definiert. Die Werte sind algebraische Zahlen. Sie liefern die üblichen Winkelfunktionen, wenn man dem rechten Winkel die Maßzahl 1 (statt 90) gibt.
Weitere Funktionen erhält man durch die Betrachtung von Funktionenfolgen φ_*, speziell von Potenzreihen $\Sigma\, a_r \xi^r$ mit definiten Koeffizientenfolgen a_*. Für eine moderne Integrationstheorie sind die gleichmäßig konvergenten Folgen von Sprungfunktionen (Treppenfunktionen) wichtig. Die Limesfunktionen solcher Folgen haben keine Unstetigkeiten außer Sprüngen, d. h. überall existiert der linksseitige und der rechtsseitige Limes. Diese Funktionen mögen kurz »sprungstetig« heißen.
Wie üblich erhält man den Satz, daß jede sprungstetige Funktion höchstens abzählbar viele Sprungstellen hat. Die vorausgesetzte rationale Definitheit liefert hier genauer eine definite Abzählung der Sprungstellen. Beim Beweis, daß jede sprung-

stetige Funktion gleichmäßiger Limes von Sprungfunktionen ist, benutzt man üblicherweise indefinite Quantoren. Man will ja – wenn τ eine Variable für Sprungfunktionen ist – beweisen:

$$\bigwedge_{\varepsilon} \bigvee_{\tau} \bigwedge_{\xi\,[\alpha|\beta]} |\varphi\xi - \tau\xi| < \varepsilon$$

Für ein beliebiges ε setzt man dazu

$$A(\xi) \rightleftharpoons \bigvee_{\tau} \bigwedge_{r\,[\alpha|\xi]} |\varphi r - \tau r| < \varepsilon$$

Es gilt dann aufgrund der Sprungstetigkeit

(1) $A(\alpha)$
(2) $\bigwedge_{\xi} . \, \xi < \xi_0 \rightarrow A(\xi) . \rightarrow \bigvee_{\delta} A(\xi_0 + \delta)$

Man hat anschließend zu zeigen, daß $A(\xi)$ für alle $\xi \in [\alpha \mid \beta]$ gilt. Man schließt indirekt, daß die Menge $\varepsilon_\xi A(\xi)$ sonst eine obere Grenze $< \beta$ habe, was leicht zu einem Widerspruch führt. Um auf die Existenz der oberen Grenze zu schließen, müßte allerdings $\varepsilon_\xi A(\xi)$ eine definite Unterklasse haben, was aufgrund des indefiniten Quantors $\bigvee_{\tau}$ nicht der Fall ist. Hier hat man den Beweis so zu modifizieren, daß man die Variable τ auf Sprungfunktionen mit rationalen Strungstellen oder mit Sprungstellen von φ beschränkt. Die Werte seien außerdem rational. (1) und (2) bleiben erhalten und die Unterklasse $\varepsilon_s A(s)$ wird dadurch definit.

Eine entsprechende Modifikation ist auch für den Satz, daß jede Funktion φ beschränkter Schwankung eine Differenz monotoner Funktionen ist, erforderlich. Die Sache sieht für einen konstruktiven Beweis zunächst hoffnungslos aus. Man definiert üblicherweise

$$\sigma(\xi) = \overline{\text{fin}}_{\alpha < \alpha_1 < \ldots < \alpha_n < \xi} \quad \Sigma_\nu |\varphi\alpha_\nu - \varphi\alpha_{\nu+1}|$$

Die Unterklasse

$$\varepsilon_r \bigvee_{\alpha_1,\ldots,\alpha_n} r < \Sigma_\nu | \varphi\alpha_\nu - \varphi\alpha_{\nu+1} |$$

sieht also nicht definit aus. Sie ist aber trotzdem definit, wie sich ergibt, wenn man vorher beweist, daß φ als Funktion beschränkter Schwankung sprungstetig ist (das ist sehr leicht). φ hat daher höchstens eine definit-abzählbare Menge von Sprungstellen, und es gilt

$$r < \Sigma | \varphi\alpha_\nu - \varphi\alpha_{\nu+1} | \rightarrow \bigvee_{\beta_1,\ldots,\beta_n} r < \Sigma | \varphi\beta_\nu - \varphi\beta_{\nu+1} |$$

mit einem definiten Quantor, dessen Variable auf rationale Zahlen oder die Sprungstellen von φ eingeengt sind.
Für die Differentiation und Integration kann man mit diesen Hilfsmitteln wie bei Dieudonnės »Modern Foundations of Analysis« vorgehen. Die Derivierte $D\Phi$ einer Funktion Φ wird wie üblich erklärt. Anstelle des Mittelwertsatzes beweist man den Schrankensatz: jede Schranke von $D\Phi$ ist auch Schranke von $\dfrac{\Delta\Phi}{\Delta j}$.
Dieser Schrankensatz hat den Vorteil, auch noch zu gelten, wenn die Funktion Φ überall stetig, aber nur ω-überall (d. h. mit höchstens definit abzählbar vielen Ausnahmen) differenzierbar ist. Eine Funktion φ heißt integrierbar, wenn eine stetige Funktion Φ existiert, für die ω-überall $D\Phi = \varphi$ gilt. Die Differenz $\Delta\Phi$ ist dann eindeutig bestimmt und heißt das Integral $I\varphi$ von φ. Es folgt der Satz, daß jede sprungstetige Funktion integrierbar ist.

IV. Mehrdimensionale Bereiche

Für die mehrdimensionalen Integrale ist die Wahl der Integrationsbereiche immer ein wenig eine Geschmacksfrage. Für alle

Anwendungen genügt es, wenn man sich auf offene Mengen und deren abgeschlossene Hüllen beschränkt. Konstruktiv läßt sich die Theorie dieser Bereiche folgendermaßen entwickeln: unter einer Umgebung des N-dimensionalen Zahlenraumes werde ein offenes Intervall (R, S) mit rationalen Endpunkten R, S verstanden. Eine definite Folge von Umgebungen ist dann durch zwei definite Folgen R_* und S_* rationaler Punkte gegeben. Die Vereinigungen solcher Folgen mögen »offene Bereiche« heißen, ihre abgeschlossenen Hüllen (d. h. die Mengen der nicht-äußeren Punkte) »abgeschlossene Bereiche«.

Während der übliche Beweis dafür, daß ein Randpunkt ein Limespunkt ist, das Auswahlprinzip benutzt, gilt konstruktiv, daß jeder Randpunkt eines offenen Bereiches ein Limespunkt ist.

Werden die kompakten Bereiche als die beschränkten abgeschlossenen Bereiche eingeführt, so gilt der Überdeckungssatz. Der wichtigste Spezialfall lautet: »Jede definite Umgebungsüberdeckung eines abgeschlossenen Intervalles

$$\bar{\mathrm{I}} \subseteq \cup \mathrm{U}_*$$

enthält eine endliche Überdeckung.«

Der Beweis erfordert eine Sonderüberlegung, denn der übliche Beweis liefert zunächst für $N = 1$ nur

$$\bigvee_n \bigwedge_{r\,\bar{\mathrm{I}}} r \,\varepsilon\, U_1 \cup \ldots \cup \mathrm{U}_n$$

Für $N = 1$ muß daher der Satz

$$\bigwedge_{r\,\mathrm{I}} r \,\varepsilon\, \mathrm{U}_1 \cup \ldots \cup U_n \rightarrow \bar{\mathrm{I}} \subseteq U_1 \cup \ldots \cup U_n$$

eigens bewiesen werden. Für irrationale $\xi = \lim \mathrm{r}_*$ folgt aus der Voraussetzung in der Tat, daß eine Teilfolge von r_* in einem der U_ν $(\nu = 1, \ldots, n)$ liegt, also folgt $\xi \,\varepsilon\, \mathrm{U}_\nu$, da ξ irrational und U_ν rational ist.

Für $N > 1$ genügt dann ein einfacher Induktionsbeweis. Für den Satz, daß jede in einem kompakten Bereich $\bar{B}$ stetige Funktion φ gleichmäßig stetig ist, nützt konstruktiv der Überdeckungssatz nichts, weil aus der Voraussetzung der Stetigkeit von φ keine *definite* Umgebungsüberdeckung von $\bar{B}$ resultiert. Der indirekte Beweis von

$$\bigvee_{\delta} \bigwedge_{B} {}_{R, S} \cdot |R - S| < \delta \rightarrow |\varphi R - \varphi S| < \varepsilon.$$

gelingt jedoch für rationale Punkte R, S – und das genügt. Der Überdeckungssatz erlaubt, das volladditive Borelsche Maß für offene Bereiche einzuführen. Setzt man für ein Intervall U das Maß $|U|$ als das Produkt der Kantenlängen fest, so ist für endliche Intervallsummen $V = \Sigma U_r$ ein additives Maß durch

$$|V| = \Sigma |U_r|$$

gegeben.

Für offene Bereiche $B = \bigcup V_*$ mit einer aufsteigenden definiten Folge

$$V_1 \subseteq V_2 \subseteq \ldots\ldots$$

endlicher Intervallsummen ist

$$|B| = \lim |V_*|$$

unabhängig von der Wahl einer definiten Folge von Intervallsummen.

Die Volladditivität wird gebraucht, wenn die mehrdimensionalen Integrale – um direkt zum Stokesschen Satz zu kommen – für alternierende Differentialformen ω durch

$$\int \omega = \oint \Omega \text{ mit } d\,\Omega = \omega$$

definiert werden (wobei $\oint$ das Randintegral bezeichnet).

Abgesehen davon, daß überall der Unterschied zwischen definiten und indefiniten Quantoren zu beachten ist, sind somit keine Abweichungen von den z. Z. üblichen Darstellungen erforderlich.

Mir scheint, daß daher festgestellt werden darf, daß die Cantorsche Mengenlehre mit ihrer Theorie der unendlichen Kardinalzahlen für die gesamte *klassische* Analysis entbehrlich ist. Nun hat man aber in der *modernen* Analysis seit Cantor viele

Sätze erdacht, die von den unendlichen Kardinalzahlen explizit Gebrauch machen. Hier wird also zu überlegen sein, ob es nicht ein Gewinn wäre, in Zukunft auf diese Sätze zu verzichten. Für alle Anwendungen spielen diese jedenfalls – soweit mir bekannt ist – keine Rolle. Der »survival value« der konstruktiven Mathematik ist also nicht geringer als der der axiomatischen Mathematik – im Gegenteil kommt bei der konstruktiven Mathematik der Vorteil hinzu, daß der Mathematiker hier *verstehen* kann, was er tut (weil er hier seine Gegenstände – philosophisch gesprochen – selber hervorbringt).

Das Begründungsproblem der Geometrie als Wissenschaft der räumlichen Ordnung

Nimmt man das Wort ›Wissenschaft‹ in einem so anspruchsvollen Sinne, daß nicht schon jedes Erfahrungswissen darunter fällt, so ist bekanntlich die Geometrie die älteste Wissenschaft. Das Problem einer Begründung der Geometrie ist dagegen bemerkenswerterweise als eigenes Problem erst etwa hundert Jahre alt. Erst seit der sogenannten Entdeckung der nichteuklidischen Geometrie beginnt man sich ernsthaft Gedanken darüber zu machen, ob und wie man herausfinden und begründen könne, welches denn nun die *wahre* Geometrie sei.

Zum Verständnis dieser Situation und zur Vorbereitung einer Lösung des Begründungsproblems möchte ich kurz auf die Geschichte der Geometrie zurückgreifen. Wir können ganz grob drei Epochen unterscheiden: 1. die altorientalische Geometrie (in Mesopotamien und Ägypten), 2. die griechische Geometrie, 3. die neuzeitliche Geometrie.

Die altorientalische Geometrie war durchaus nicht primitiv. Um 2000 v. Chr. wußte man in Babylon z. B. das, was wir den Satz des Pythagoras nennen, genauso sicher anzuwenden wie wir. Wir finden in Keilschrifttexten etwa folgende Aufgabe: Ein Balken, der 5 Einheiten lang ist, ist an einer senkrechten Wand um 1 Einheit heruntergerutscht.

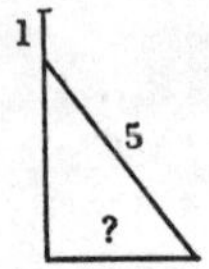

Wie weit ist er zur Seite gerutscht?

Ohne weiteren Kommentar rechnet der Text zunächst die eine Kathete zu $5 - 1 = 4$ Einheiten aus und dann die gesuchte Kathete zu $\sqrt{(5^2 - 4^2)} = 3$ Einheiten.

Wie es mit einem Beweis der Gültigkeit dieses Rechenverfahrens allerdings stand, dürfen wir nicht fragen. Den Begriff eines Beweises gibt es in der altorientalischen Geometrie gar nicht. Es besteht vielmehr die so äußerst folgenreiche griechische Entdeckung der Geometrie als Wissenschaft ja gerade darin, die Möglichkeit gesehen und verwirklicht zu haben, das geometrische Erfahrungswissen zu einem *System* von Sätzen auszubauen, die untereinander durch Ketten von logischen Schlüssen, eben den Beweisen, verbunden sind. Mit den aristotelischen Termini sagen wir noch heute, daß dadurch die Geometrie zu einer *axiomatischen Theorie* wurde. Gewisse Sätze stehen ohne Beweis am Anfang der Theorie: Das sind die Axiome. Alle anderen Sätze sind aus den Axiomen logisch zu erschließen. Wie man sieht, setzt die Geometrie hiernach die Logik als Wissenschaft voraus, zumindest jedenfalls die Fähigkeit des logischen Schließens.

Nach griechischer Auffassung ist die Geometrie zugleich eine allgemeine Größenlehre, die die Arithmetik als Spezialfall, nämlich als Theorie der diskreten Größen, enthält. Das Verhältnis der Geometrie zur Arithmetik ist jedoch in Wahrheit ein anderes. Die griechische Geometrie setzt außer der Logik auch die Arithmetik voraus, z. B. beim sogenannten archimedischen Axiom. Dieses Axiom findet sich allerdings schon bei *Euklid* und ist mit Sicherheit auf *Eudoxos* zurückzuführen. Es besagt, daß die fortgesetzte Halbierung einer Strecke stets nach endlich vielen Schritten in jeder beliebig vorgegebenen Teilstrecke einen Teilpunkt erzeugt. Das hier vorkommende »nach endlich vielen Schritten« bedeutet die Existenz einer natürlichen Zahl. Die metamathematischen Untersuchungen von *Tarski* haben den Beweis erbracht, daß sich das archimedische Axiom nicht durch irgendwelche arithmetikfreien Sätze ersetzen läßt.

Das Verhältnis von Logik, Arithmetik und Geometrie läßt sich also in der Metaphorik des Bauens folgendermaßen wiedergeben. Auf dem Grunde des vorwissenschaftlichen Erfahrungswissens erheben sich die Gebäude der Wissenschaften:

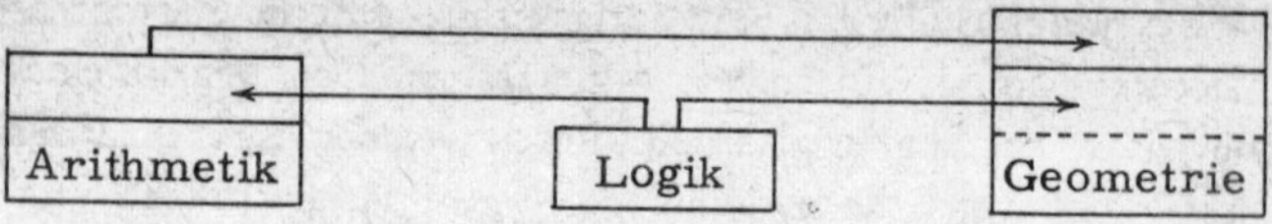

vorwissenschaftliches Erfahrungswissen

Ich habe hier für die Arithmetik einen unteren, logikfreien Teil eingezeichnet, über dem sich dann die Arithmetik, die die Logik zur Hilfe nimmt, befindet. Nach gegenwärtig herrschender Meinung ist dagegen auch die Arithmetik nur als eine axiomatische Theorie eine Wissenschaft. Man leugnet die Legitimität einer konstruktiven Arithmetik. Diesen Streit möchte ich hier jedoch auf sich beruhen lassen.

Für die Geometrie gibt es nach griechischer Lehre keinen logikfreien Unterbau. Hierzu ist allerdings *Platon* zu erwähnen, der darüber spottet, daß die Geometer mit gewissen Sätzen beginnen, als ob sie über diese weder sich noch anderen Rechenschaft schuldig seien.

Die neuzeitliche Geometrie unterscheidet sich deutlich von der griechischen. Dieser Unterschied ist vor allem durch drei Neuerungen bewirkt worden:

1. Die analytische Geometrie (*Descartes* 1637),
2. Die nichteuklidischen Geometrien (*Lobačevskij* 1829, *Riemann* 1854),
3. Die Gravitationsgeometrie (*Einstein* 1915).

In dieser Aufzählung habe ich die projektive Geometrie weggelassen, weil sie m. E. für das Begründungsproblem keine Rolle spielt – ebensowenig übrigens wie das berühmte Erlanger Programm von *Klein*.

Die analytische Geometrie lieferte erstmalig eine Übersetzung aller geometrischen Sätze ins Arithmetische. Seitdem gibt es ein arithmetisches Modell für die geometrischen Axiome: Es sei hier das cartesische Modell genannt. Innerhalb des cartesischen Modells sind die geometrischen Axiome beweisbare Sätze. Im 18. Jahrhundert herrschte dann auch die Arithmetik, vor allem ihre Fortsetzung, die Infinitesimalrechnung, derart vor, daß die Methode axiomatischer Theorien ganz an den Rand der Mathematik gedrängt wurde. Nur dem Gewicht der Tradition des euklidischen Lehrbuches ist es zu verdanken, daß man – wenn auch am Rande – noch die axiomatischen Grundlagen der euklidischen Geometrie weiter untersuchte.

Dem 19. Jahrhundert gelang es, ein schon in der Antike diskutiertes Problem zu lösen: Die analytische Geometrie ermöglichte, einen Beweis zu führen, daß das sogenannte Parallelenaxiom, nach dem es in jeder Ebene zu jeder gegebenen Geraden und zu jedem gegebenen Punkte höchstens eine Gerade gibt, die durch den gegebenen Punkt geht und die gegebene Gerade nicht schneidet, aus den übrigen euklidischen Axiomen allein *nicht* logisch zu erschließen ist. Dieser Beweis einer logischen Unabhängigkeit ist die sogenannte Entdeckung der nichteuklidischen Geometrie. Die erste Veröffentlichung hierüber stammt von *Lobačevskij* 1829. *Gauß* hatte dieses Resultat zwar schon früher erhalten, aber nicht veröffentlicht, weil es ihm in seinen Untersuchungen nicht nur um diese logische Unabhängigkeit ging, sondern um viel mehr.

Gauß ging davon aus, daß als alleiniger Grundbegriff der Geometrie die Distanz, also der Abstand zweier Punkte, genommen werden kann. Jede gekrümmte Fläche liefert dann ein Beispiel einer nichteuklidischen zweidimensionalen Distanzgeometrie. Im Gegensatz zu *Kant* hielt *Gauß* es für eine sinnvolle empirische Frage, ob der wirkliche Raum gekrümmt oder nichtgekrümmt sei. *Riemann* sprach daher in seiner Antrittsvorlesung 1854 von den Hypothesen, die der Geometrie zugrunde liegen. Wenn die Raumkrümmung eine empirische Frage ist, so mußte die Physik diese Frage lösen. *Helmholtz* griff diese Frage 1868 in seinen Untersuchungen über die Tatsachen, die der Geometrie zugrunde liegen, an. Er stellte zunächst eine mathematische Theorie auf, die zum Ziele hatte zu beweisen, welche der euklidischen Axiome in einer Distanzgeometrie gelten, wenn der Distanzbegriff nur diejenigen Bedingungen erfüllt, die man an ihn stellen muß, um ihn überhaupt eine geometrische

Distanz zu nennen. Die *Helmholtzsche* Theorie ist von *Lie* weitergeführt worden und in den letzten Jahrzehnten von *Busemann.* Sie hat jetzt zu dem Resultat geführt, daß unter wenigen, selbstverständlichen Bedingungen für den Distanzbegriff alle Axiome *Euklids* mit alleiniger Ausnahme des Parallelenaxioms erfüllt sein müssen.

Zu den selbstverständlichen Bedingungen, die an den Distanzbegriff gestellt werden, gehört dabei vor allem die freie Beweglichkeit. Diese besagt, daß jedes Tetraeder in jedes andere Tetraeder, das gleichlange Seiten hat, durch eine distanztreue Abbildung des ganzen Raumes übergeführt werden kann. Durch diese Untersuchungen von *Helmholtz, Lie* und *Busemann* ist die absolute Geometrie – so nennt man alles das, was ohne Parallelenaxiom in der euklidischen Geometrie bewiesen werden kann – im Sinne der Distanzgeometrie begründet.

Allerdings handelt es sich bei dieser Begründung zunächst nur um eine mathematische Theorie. Diese lehrt, daß die Axiome der absoluten Geometrie aus den Distanzaxiomen ableitbar sind. *Helmholtz* fügte daher noch eine physikalische Begründung der Distanzaxiome hinzu. Er untersuchte das Verfahren, mit dem wir Distanzen messen. Die Distanzmessung läßt sich auf ein Zählen zurückführen: Man zählt, wie oft sich ein Maßstab zwischen zwei Punkten abtragen läßt. Begrifflich bedeutet dieses Abtragen, daß man die Kongruenz von zwei Punktepaaren als Grundbegriff benutzt. Wird ein Maßstab von einer Lage in eine andere bewegt, so bilden die Endpunkte vor und nach der Bewegung kongruente Punktepaare. Also können alle Begriffe der Geometrie physikalisch definiert werden, wenn man physikalisch definieren kann, was ein Maßstab ist. Nun, als Maßstab kann jeder starre Körper dienen, auf dem zwei Punkte markiert sind. Das Begründungsproblem der Geometrie reduziert sich so auf das Problem, die starren Körper physikalisch zu definieren.

Solange man nur die euklidische Geometrie als axiomatische Theorie hatte, brauchte und konnte man so nicht fragen. Nachdem jetzt aber gezeigt war, daß der Begriff der Distanz – präziser gesagt: die Distanzaxiome – nur zur absoluten Geometrie führen, blieb das Problem übrig, ob und wie man mit physikalisch definierten starren Körpern die Frage: euklidisch oder nichteuklidisch entscheiden könne. Das scheint einfach zu sein. Man stelle etwa ein Dreieck aus starren Körpern her und verlängere dann zwei Seiten um sich selbst:

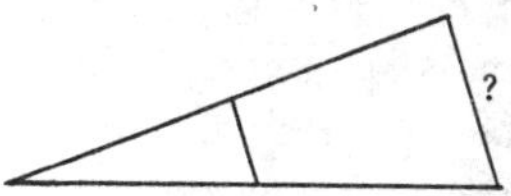

Wird jetzt die dritte Seite auch verdoppelt sein? Dies wird genau dann der Fall sein, wenn die Geometrie der starren Körper euklidisch ist.

Alles hängt hier natürlich an der Definition der Starrheit. Man hat etwa gesagt, starr solle soviel heißen wie: möglichst unveränderlich. Aber das ist nur eine Worterklärung. *Poincaré* – wie übrigens schon *Lotze* in seiner Metaphysik – hat darauf hingewiesen, daß die Unveränderlichkeit mit Hilfe physikalischer Sätze beurteilt werden müsse. Man könne also auch die Physik ändern – und die Geometrie euklidisch belassen. Die Diskussion hierüber hat ihre eigentliche Aktualität erst durch die *Einstein*sche Gravitationstheorie gewonnen. Diese stützt sich auf die Elektrodynamik und zeigt überzeugend, daß man für die optisch gemessenen Distanzen eine nichteuklidische Geometrie zugrunde legen muß, wenn man die Gravitation mit der Elektrodynamik in einer physikalischen Theorie vereinigen will.

Seit *Einstein* gibt es also eine physikalische Geometrie. Nach der herrschenden Meinung der Physiker ist damit das Begründungsproblem der Geometrie gelöst: Es ist ein Problem, das von den Fortschritten der Physik abhängig ist und z. Z. also am besten durch die *Einstein*sche Theorie gelöst ist. Das Problem wäre hiernach jedenfalls der Kompetenz der Philosophie entzogen.

So weit hat uns diese Einleitung von der Philosophie entfernt.

Da nun aber das einzig sichere Kennzeichen allen Philosophierens die nicht müde werdende kritische Reflexion auf das Gedachte und vermeintlich Gewußte ist, ist die Philosophie auch hier bisher nicht müde geworden zu fragen, ob mit der mathematischen Geometrie einerseits und der modernen physikalischen Geometrie andererseits wirklich die Möglichkeiten erschöpft sind, Geometrie als Wissenschaft des Raumes, und d. h. als Wissenschaft der räumlichen Ordnung, zu betreiben. *Leibniz* definiert einmal: spatium est ordo coexistendi.

Daß unsere Maßstäbe schwer sind, daß sie aus elektrisch geladenen Teilchen bestehen, ist zwar wahr – und deshalb hat auch die moderne physikalische Geometrie ihre Berechtigung –, aber es bleibt doch zu fragen, ob nicht eine Geometrie möglich ist, die von dieser Physik keine Kenntnis zu nehmen braucht, ohne dadurch gleich nichts als eine bloß formale mathematische Theorie zu sein.

Natürlich wird man bei dieser Frage sofort an die synthetischen und apriorischen Urteile der Geometrie nach *Kant* denken, die sich allein auf eine reine Anschauung gründen. Diese Berufung auf *Kant* ist jedoch vergeblich. Nirgendwo steht bei *Kant*, wie denn nun die Axiome der euklidischen Geometrie (im *Hilbert*schen System sind das immerhin 27 Sätze) einzeln und Schritt für Schritt aus reiner Anschauung zu begründen sind. Stünde das auch nur irgendwo bei *Kant* hinreichend angedeutet, so hätte ja nicht der ganze nachkantische Positivismus explizit die Existenz apriorischer und synthetischer Urteile leugnen können.

Ein Ansatz zu einer Geometrie, die weder eine bloß analytische, d. h. hier formal-axiomatische Theorie ist, noch eine aposteriorische Theorie ist, ist in den Werken von *Dingler* zu finden. Ich komme damit zu dem Lösungsversuch des Begründungsproblems der Geometrie, der im folgenden dargestellt werden soll. Meine Darstellung wird sich allerdings in der Durchführung von *Dingler* unterscheiden, wie ich hoffe mit der Wirkung, daß dadurch viele Mißverständnisse, denen die *Dingler*sche Geometrie ausgesetzt war und ist, beseitigt werden können.

Ich möchte davon ausgehen, daß man zunächst innerhalb der euklidischen Geometrie als einer axiomatischen Theorie die Grundbegriffe zwar – wie geschildert – auf die Kongruenz reduzieren kann, daß man aber auch gerade umgekehrt die Kongruenz ganz unter den Grundbegriffen vermeiden kann. Zunächst nehmen wir als Grundobjekte, wie bei *Euklid* und auch noch bei *Hilbert*, Ebenen E, . . ., Geraden g, . . . und Punkte P, ... Als Grundrelationen zwischen diesen Objekten nehmen wir, außer der Gleichheit, zunächst die sogenannten topologischen Relationen: die Inzidenz ($P \varepsilon E$ bzw. $P \varepsilon g$: P liegt auf E bzw. g) und die Zwischenrelation Z (Z ($P_1 E P_2$), kürzer $P_1 E P_2$: E liegt zwischen P_1 und P_2), die bei Verzerrungen erhalten bleiben und daher für die Definition der Kongruenz unwesentlich sind. Entscheidend sind die beiden folgenden Grundbegriffe:

Parallelität $\|$: $E_1 \| E_2$
Orthogonalität $\dashv$: $g \dashv E$.

Die Wahl dieser Grundbegriffe muß zunächst willkürlich erscheinen. Jedenfalls genügen aber diese Begriffe, um die Kongruenz zu definieren. Man kann als erstes die Parallelkongruenz von Punktepaaren P_1, Q_1 und P_2, Q_2 durch die Existenz eines Parallelogramms mit diesen Ecken definieren.

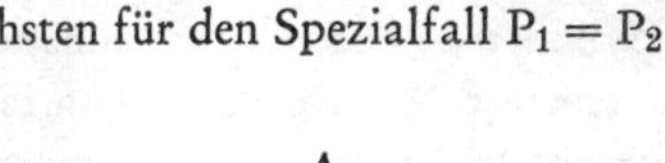

Dazu sind ersichtlich nur unsere obigen Grundbegriffe erforderlich. Außerdem kann die Spiegelungskongruenz definiert werden, am einfachsten für den Spezialfall $P_1 = P_2$:

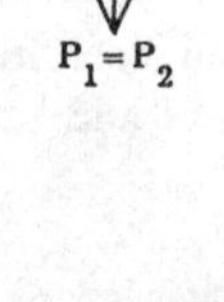

Nur wenn die Diagonalen des Parallelogramms orthogonal sind (man nennt es dann einen Rhombus), heißen P_1, Q_1 und P_2, Q_2 spiegelungskongruent.
Allgemein heißen schließlich zwei Punktepaare kongruent, wenn es ein drittes Punktepaar gibt, das zu jedem der beiden Punktepaare parallel- oder spiegelungskongruent ist:

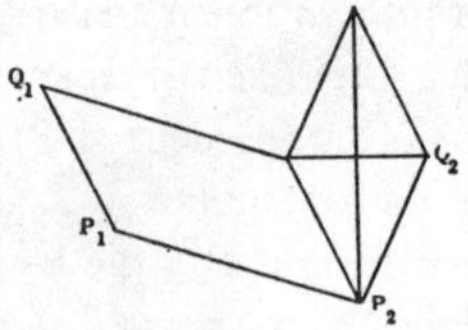

Im räumlichen Falle brauchen hier Parallelogramm und Rhombus nicht in derselben Ebene zu liegen.
Hat man so die Kongruenz definiert, dann wird man einen Körper geometrisch-starr nennen, wenn jedes auf ihm markierte Punktepaar durch eine Bewegung stets in ein kongruentes Punktepaar übergeht. Auf mehrere Körper angewendet, erhält man dadurch ein Kriterium der Starrheit.
Auf diese Weise ist das Begründungsproblem auf die neuen Grundbegriffe reduzierbar. Müssen diese nun bloß als undefinierte Grundbegriffe innerhalb einer axiomatischen Theorie fungieren? Hier setzt der neue Gedanke *Dinglers* ein: Diese Grundbegriffe sind nicht bloß irgendwelche Grundbegriffe, sie sind vielmehr als räumliche Formen durch gewisse Homogenitäten charakterisierbar. Was hier Homogenität (*Dingler* spricht statt dessen von Symmetrie) bedeutet, sei zunächst am Grundbegriff der Ebene erörtert. Wir gehen aus von dem vorwissenschaftlichen Begriff eines Körpers. Die Begrenzung eines Körpers wird von Flächen gebildet. Solche Flächen können eben oder uneben sein. Was heißt das? Nun, die Ebenheit ist dadurch zu charakterisieren, daß man keine Verschiedenheiten bemerken kann. Eine ebene Fläche ist an jeder Stelle genauso wie an jeder anderen. Das trifft allerdings auch auf die Oberfläche einer

Kugel zu. Bei einer Kugelfläche sind aber die beiden Seiten leicht zu unterscheiden, nämlich als konvex bzw. konkav.
Dies führt zu der folgenden *Dingler*schen Charakterisierung der Ebene durch ein Prinzip der Homogenität: Eine Ebene ist eine Fläche, bei der alle Punkte (und beide Seiten) ununterscheidbar sind.
Wenn von den zwei Seiten einer Ebene gesprochen wird, so ist das natürlich auf die Zwischenrelation zurückzuführen. Man sagt, daß zwei außerhalb einer Ebene E liegende Punkte P_1 und P_2 auf derselben Seite bzw. auf verschiedenen Seiten von E liegen, wenn $P_1 E P_2$ nicht gilt bzw. gilt.
Hat man die Ebenen zur Verfügung, so können die Geraden definiert werden als Schnitte von zwei Ebenen, d. h. die Punkte, die auf einer Geraden liegen, sind diejenigen Punkte, die gemeinsam auf zwei verschiedenen Ebenen liegen.
Außer den topologischen Relationen, die hier nicht interessieren, bleiben so allein noch Parallelität und Orthogonalität übrig. Auch diese sind durch Homogenitätsprinzipien zu charakterisieren. Anschaulich dürfte schon klar sein, welche Homogenitäten hier zu formulieren sind. Die Parallelität einer Ebene E′ zu einer Ebene E ist dadurch zu charakterisieren, daß alle Punkte von E auch mit Bezug auf E′ nicht voneinander zu unterscheiden sind: E′ soll gleichmäßig zu allen Punkten von E liegen.
Für die Orthogonalität einer Geraden g zu einer Ebene E mit dem Fußpunkt P lautet das Homogenitätsprinzip, daß alle Geraden von E durch P ununterscheidbar sein sollen hinsichtlich g.
Die logische Analyse solcher Homogenitätsprinzipien verschiebe ich auf später. Zunächst wird jeder, so hoffe ich, anschaulich verstehen, was mit diesen Prinzipien gemeint ist.
Da wir unsere Grundbegriffe durch die Forderung gewisser Homogenitäten bestimmt haben, enthalten diese Begriffe ein ideales Element. Wir könnten sie daher getrost auch als geometrische Ideen bezeichnen. Wenn wir statt Idee den aristotelischen Terminus Form verwenden, weil er für das Räumliche

besser geeignet ist, können wir unsere Grundbegriffe auch *homogene Grundformen* nennen.
Natürlich will ich keine Folgerungen bloß aus den neuen Wörtern ziehen. Aber die Bezeichnung ›Idee‹ oder ›Form‹ ist auch deshalb angemessen, weil wir bei Ideen – hierin allerdings nicht streng platonisch denkend – nach ihrer Realisierung zu fragen gewohnt sind. Verwenden wir die platonischen und aristotelischen Termini in harmonischer Mischung, so können wir also genauer nach der materiellen Realisierung unserer ideellen Formen: Ebene, Parallelität und Orthogonalität fragen.
Diese Frage nach der Realisierung soll hier nur zur Verdeutlichung der homogenen Grundformen dienen. Die spätere logische Analyse und die Ableitungen aus den Homogenitätsprinzipien werden unabhängig von den Realisierungsfragen sein.
Historisch läßt sich die Realisierung der homogenen Grundformen sehr eindrucksvoll an der mesopotamischen Erfindung der Ziegelsteine verfolgen. Am Anfang des dritten vorchristlichen Jahrtausends findet man noch sumerische Bauten mit getrockneten, nur roh geformten Lehmklumpen:

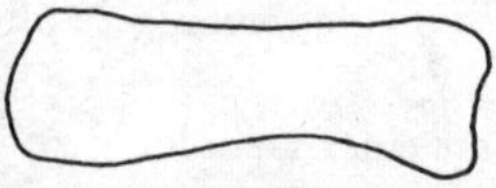

Im Verlauf der ersten Hälfte dieses Jahrtausends finden wir dann aber nacheinander folgende Formen:
1. Die Unterseite ist geebnet

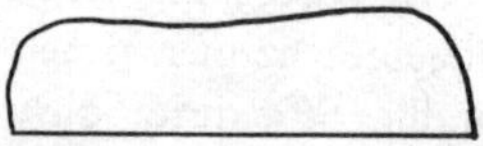

Das ist eine Realisierung der Grundform der Ebene.
2. Die Nebenseiten sind ebenfalls geebnet, und zwar zur Unterseite orthogonal und auch zueinander orthogonal.

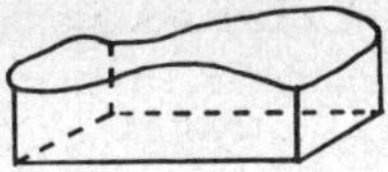

Hier haben wir schon eine Realisierung aller drei Grundformen.

3. Auch die Oberseite ist noch zur Unterseite parallel geebnet:

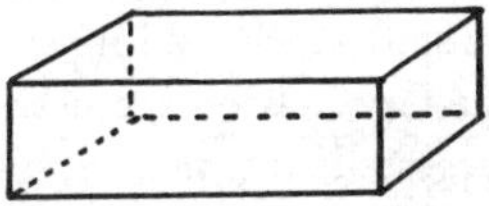

Das ist der fertige Ziegelstein, dessen Form (bis auf die Größenverhältnisse) durch die drei Grundformen vollständig bestimmt ist.

Ein besseres Anschauungsmaterial für die homogenen Grundformen läßt sich kaum denken. Hinzu kommt, daß die Realisierung dieser Formen nicht etwa nur eine Angelegenheit der primitiven, nur für den Historiker interessanten Technik ist. Auch für unsere gegenwärtige Technik ist die Realisierung der homogenen Grundformen in der Präzisionsmechanik von entscheidender Bedeutung, am offensichtlichsten für die Herstellung optischer Geräte.

Die Glasschleiferkunst geht ebenfalls ins dritte Jahrtausend v. Chr. zurück. *Schliemann* hat in Troja I konvex geschliffene Linsen aus Bergkristall gefunden. Aus der Spätantike sind Beryll-Linsen, die Vorläufer unserer Brillen, bekannt. Kugelflächen werden aus Glas folgendermaßen geschliffen:

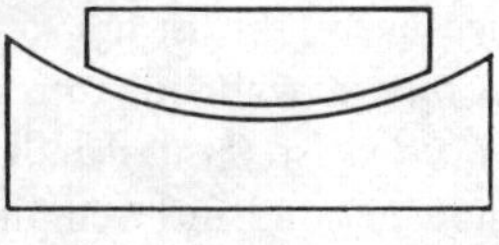

Je länger man den oberen Glasblock hin und her bewegt, desto stärker wird die Krümmung. Es entsteht zugleich eine immer genauere Kugelfläche. Dieses Schleifen wird noch heute weitgehend mit der Hand gemacht, weil die Schleifbewegung möglichst unregelmäßig sein muß. In den USA gibt es gegenwärtig das telescope-making als hobby. Die moderne Industrie kann die Hand zwar durch kostspielige Bewegungsmechanismen ersetzen – der Schleifprozeß ist aber genau derselbe geblieben. Er beruht auf dem Homogenitätsprinzip, durch das die Kugelflächen charakterisiert sind. Auch die Linsen der Teleskope, mit denen die *Einstein*sche Gravitationsgeometrie empirisch bestätigt wurde, sind so hergestellt worden.

Will man statt Kugelflächen Ebenen schleifen, so muß man drei Blöcke nehmen, die gegenseitig aneinander abgeschliffen werden, damit die beiden Seiten der Flächen ununterscheidbar werden. Dies Verfahren wird merkwürdigerweise erst seit dem 18. Jahrhundert verwendet. Man kann sich leicht ausdenken, wie auch Parallelplatten und rechte Winkel durch Schleifen realisiert werden können – praktisch verwendet allerdings die moderne Industrie immer optische Kontrollverfahren, d. h. sie verwendet die geometrische Optik und dabei natürlich die euklidische Geometrie als theoretisches Hilfsmittel.

Für den Glasschleifer sind bei der Realisierung die Materialfragen am wichtigsten, für den Geometer kommt es dagegen nur auf die Formen an – jede Realisierung in einem Material wird ja immer unvollkommen sein. Der Geometer blickt – im Sinne *Platons* gesprochen – nicht auf die Realisierung im Material, sondern auf die Idee selbst, auf die reine Form. Erst durch das Wissen um die Homogenität wird die Anschauung realisierter Formen zu einer reinen Anschauung. Nur das Auge des Geistes ist dieser reinen Anschauung fähig.

Daß sich hier auch der *Kant*ische Terminus zwanglos mit dem *Platon*ischen zusammenfügen läßt, ist um so bemerkenswerter, als die Philosophie *Kants* ja wahrlich toto coelo verschieden von der Philosophie *Platons* ist. Trotzdem haben beide Philosophen dasselbe Phänomen einer nicht-empirischen Geometrie anschaulich vor Augen gehabt. Die Geometrie liefert daher in beiden Fällen zumindest einen ersten Zugang, sowohl zu *Platon* wie zu *Kant*. An der Platonischen Akademie soll es ja auch schon am Eingang gestanden haben, daß man erst die Geometrie kennen müsse, ehe man eintreten dürfe. Für die Leser der *Kant*ischen Vernunftkritik ist diese Voraussetzung meist nicht mehr erfüllt, weil die vorhin geschilderten Entwicklungen der neuzeitlichen Mathematik seit dem 19. Jahrhundert zu einer fast völligen Verdrängung der Anschauung geführt haben. Deshalb schien es mir auch erforderlich, eigens auf die Veranschaulichung der homogenen Grundformen einzugehen.

Ich wende mich aber jetzt ihrer logischen Analyse zu, insbesondere der Möglichkeit, aus den Homogenitätsprinzipien die Sätze der euklidischen Geometrie abzuleiten. Ich möchte dazu zunächst darauf aufmerksam machen, daß die Homogenität der Grundformen etwas Qualitatives ist, nichts Quantitatives. Es wird nichts gemessen – erst die Kongruenz ermöglicht ja Messungen. Eine Unebenheit einer Fläche ist eine Qualität. Die Ebene ist definiert durch das Fehlen von Unebenheiten, entsprechend ist es bei Parallelität und Orthogonalität. Die Qualität geht methodisch hier der Quantität voran.

Daß die Mathematik nicht die Wissenschaft vom Quantitativen ist, ist durch die moderne Logik allgemein bekanntgeworden. Aber das bedeutet natürlich nicht, daß die Unbestimmtheit und das Ineinanderverfließen qualitativer Begriffe jetzt in die Mathematik Eingang gefunden hätten. Die Qualitäten, moderner gesprochen: die Relationen, werden in der Mathematik durch Symbole repräsentiert – und Gegenstand der Mathematik ist dann nur das Operieren mit diesen Symbolen nach eindeutig bestimmten Regeln. Wegen dieser Regeln, die auch die Logik mit enthalten, kommt so alles doch wieder auf ein Rechnen, auf Kalküle, hinaus.

Der Forderung der Präzisierung aller Regeln kann sich auch die Geometrie nicht entziehen, wenn sie eine exakte Wissenschaft sein will. Es scheint mir daher unerläßlich zu sein, die bisherigen Formulierungen der Homogenitätsprinzipien so zu verschärfen, daß sie als Grundlage einer mathematischen Theorie dienen können.

Was heißt es z. B., daß alle Punkte einer Ebene ununterscheidbar sind? Nach *Leibniz* bedeutet die Ununterscheidbarkeit zweier Objekte soviel wie ihre Ersetzbarkeit in jeder Aussage. Wir können die Homogenität der Ebene bezüglich ihrer Punkte also so interpretieren: Es wird gefordert, daß für jede Ebene E und jeden ihrer Punkte P aus der Wahrheit einer Aussage über E und P auch die Wahrheit derjenigen Aussagen folgt, die entstehen, wenn der Punkt P durch einen beliebigen anderen Punkt P′ von E ersetzt wird. Das Homogenitätsprinzip stellt hiernach nichts als eine Substitutionsregel dar. Von jeder Aussage A (E, P) soll auf A(E, P′) geschlossen werden dürfen. Schreiben wir die Bedingungen dieser Substitution, nämlich $P \varepsilon E$ und $P' \varepsilon E$, mit auf, so lautet diese Regel also

$$P \varepsilon E,, \; P' \varepsilon E,, \; A(E, P) \Rightarrow A(E, P')$$

Hierin steht A(E, P) für eine beliebige Aussage. Für die zu begründende axiomatische Theorie heißt das, daß A(E, P) mit Hilfe der logischen Partikeln beliebig zusammengesetzt ist aus den Grundaussagen der Theorie. Diese sind:

$$P \varepsilon E, P \varepsilon g, P_1 E P_2, E_1 \parallel E_2, g \dashv E$$

A(E, P) kann insbesondere Quantoren und damit gebundene Variable enthalten. Es muß aber gefordert werden, daß A(E, P) keine freien Variablen außer E und P enthält.

Eine Substitutionsregel, wie die obige, gehört zur Metasprache der Theorie. Statt der Regel können wir aber, wenn wir die Logik zur Hilfe nehmen, auch ein sog. Axiomenschema aufstellen:

$$P \varepsilon E \wedge P' \wedge A(E, P) \rightarrow A(E, P')$$

Hier steht $\wedge$ für die Konjunktion und $\rightarrow$ für die Subjunktion, d. h. für die Wenn-dann-Verbindung.

Ohne Formeln können wir statt dieses Axiomenschemas auch sagen, daß alles, was für einen Punkt einer Ebene gilt, auch für jeden anderen Punkt gelten soll. Die Ebene soll sich zu allen ihren Punkten gleichartig verhalten. Diese Gleichartigkeit ist der wörtliche Sinn von »Homogenität«.

Ehe ich zu den Homogenitätsprinzipien der Parallelität und Orthogonalität übergehe, möchte ich noch einmal eine historische Bemerkung einfügen. In der ganzen Geschichte der Geometrie sind immer Versuche gemacht worden, die Grundbegriffe, insbesondere Gerade und Ebene, zu definieren. In der modernen Axiomatik gilt das als unwissenschaftlich. Die Homogenitätsprinzipien liefern jedoch eine Möglichkeit, diesen Definitionsversuchen einen Sinn abzugewinnen. Es wäre nun sehr merkwürdig, wenn sich der Gedanke der Homogenität nicht auch schon früher ausgesprochen fände. In der Tat heißt es schon bei *Euklid* selbst in den ὅροι des ersten Buches, daß eine Gerade eine Linie ist, die zu ihren Punkten gleichmäßig liegt: ἐξ ἴσου κεῖται. Dieses ἐξ ἴσου κεῖται ist seit der Antike eine große Schwierigkeit für die Kommentatoren. Mir scheint, daß man aus diesen Worten aber ohne Schwierigkeiten herauslesen kann, daß *Euklid* zum Ausdruck bringen wollte, daß die Gerade keinen ihrer Punkte bevorzugt – und genau das wird ja durch die Homogenität (was für einen Punkt gilt, gilt auch für jeden anderen) nur präzisiert. Bei *Leibniz* tritt die Homogenität z. B. in der Form auf, daß die Ebene definiert wird als eine Fläche, die den Raum in zwei ununterscheidbare Teile teilt.

Für die Orthogonalität hat *Euklid* unter den ὅροι den Satz, daß die Nebenwinkel einer Orthogonalen einander gleich sind, und unter den αἰτήματα den Satz, daß alle rechten Winkel einander gleich sind. Das ist immerhin dem oben formulierten Homogenitätsprinzip eng verwandt. Wir können dies Prinzip jetzt präzise anschreiben als das folgende Axiomenschema:

$$P \varepsilon g \dashv E \wedge P \varepsilon h \subset E \wedge P \varepsilon h' \subset E \wedge A(E, g, h) \rightarrow A(E, g, h')$$

Damit Orthogonalen möglich sind, muß sich hiernach die Ebene gleichartig auch zu ihren Geraden verhalten. Diese Homogenität steht bei *Euklid* als Definition der Ebene.

Die Charakterisierung der Parallelität durch ein qualitatives

Homogenitätsprinzip habe ich dagegen nirgendwo vor *Dingler* finden können. Hier hatte die euklidische Definition der Parallelen als einander nicht-schneidender Geraden und die Problematik des Parallelenaxioms die Wege des Denkens wohl zu sehr festgelegt. Parallel heißt wörtlich »nebeneinander entlang«. Dazu paßt ungezwungen die Forderung, daß eine Parallelebene sich – ebenso wie die Ebene selbst – zu allen Punkten der Ebene gleichartig verhalten soll. So ergibt sich folgendes Axiomenschema:

$$P \, \varepsilon \, h \subset E_1 \wedge P' \, \varepsilon \, h' \subset E_1 \parallel E_2 \wedge A(E_1, E_2, P, h) \rightarrow A(E_1, E_2, P', h')$$

Solche Axiomenschemata, die die Homogenitätsprinzipien formalisieren – es kommt noch die Ununterscheidbarkeit der beiden Seiten einer Ebene hinzu –, sind jetzt an den Anfang der Theorie zu stellen. Sie müssen ergänzt werden durch Existenzaxiome für die Grundbegriffe: Für jede Ebene E und jeden Punkt P wird die (eindeutige) Existenz einer Parallelebene zu E durch P gefordert, ebenso die (eindeutige) Existenz einer Orthogonalgeraden zu E durch P.

Wenn man will, braucht man hierfür keine eigenen Axiome aufzustellen, sondern kann diese Forderungen in die Ausdrucksbestimmungen der Theorie mit hineinnehmen. Ich vermute darüber hinaus, daß sich die Eindeutigkeitsforderungen als entbehrlich erweisen werden.

Für die Inzidenz- und Zwischenrelation, also für die topologischen Relationen, müssen noch zusätzlich Axiome aufgestellt werden. Ich erwähne als Beispiele

$$P_1 E P_2 \wedge P \, \varepsilon \, E \rightarrow P E P_1 \vee P E P_2$$
$$P_1 E P_2 \wedge P_1 \, \varepsilon \, g \wedge P_2 \, \varepsilon \, g \rightarrow V_p . \, P \, \varepsilon \, g \wedge P \, \varepsilon \, E.$$

Solche topologischen Axiome sind für das Problem der Apriorität der Geometrie nicht entscheidend, weil niemand im Ernst behaupten wird, sie seien Urteile a posteriori, d. h. sie seien evtl. durch Erfahrung, insbesondere durch physikalische Messungen, widerlegbar. Das demnächst aus dem Nachlaß erscheinende Lehrbuch der exakten Fundamentalwissenschaften

von *Dingler* behandelt diese topologischen Fragen sehr ausführlich.
Eine Sonderrolle spielt das archimedische Axiom. Es setzt den Begriff der Halbierung einer Strecke voraus. Diese kann durch die homogenen Grundformen folgendermaßen definiert werden. Man konstruiere ein Rechteck über die Strecke, ziehe die Diagonalen und fälle das Lot im Diagonalenschnittpunkt auf die gegebene Strecke.

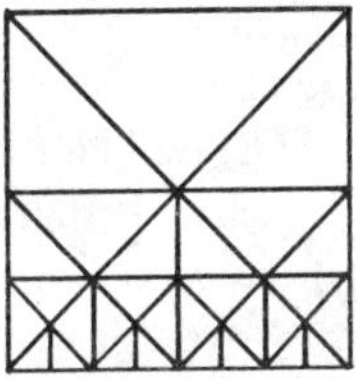

Iteriert man diese Konstruktion häufig genug, so kommt man in jedes vorgegebene Teilintervall hinein. Woher weiß man das? Jedenfalls ist diese Behauptung nicht durch Erfahrung widerlegbar. Logisch-notwendig ist sie, wie *Vernoese* gezeigt hat, ebenfalls nicht. *Archimedes* sagt an einer Stelle, daß schon frühere Geometer mit diesem »Hilfssatz« viele unbezweifelbare Sätze erhalten hätten (er denkt dabei an *Eudoxos*), und deshalb wolle er ihn nicht benutzen. *Dingler* rechtfertigt die Verwendung des archimedischen Axioms als eine zweckmäßige Festsetzung. Wollte man darauf bestehen, zwei Punkte, die sich niemals durch Halbierung trennen lassen, als verschieden anzuerkennen, so wäre diese Unterscheidung trotzdem für keine Realisierung von irgendwelchem Nutzen. Also läßt man sie fallen. Logisch gehört diese Festsetzung über die Ununterscheidbarkeit von Punkten mit zur Definition des Punktbegriffes.
Es entsteht nun die Aufgabe, aus den Homogenitätsprinzipien, die die Ebene, Parallelität und Orthogonalität charakterisieren, aus gewissen topologischen Axiomen und dem archimedi-

schen Axiom ein vollständiges Axiomensystem der Geometrie formal abzuleiten. Diese Aufgabe ist noch nicht ganz gelöst. Da es glücklicherweise aber in Kiel eine Schule von Geometern gibt, zeichnet sich eine Lösung schon deutlich ab. Ich möchte hier nur an einem Beispiel zeigen, wie man von den Homogenitätsprinzipien den Anschluß an die übliche Axiomatik gewinnen kann. Es wird dazu nicht erforderlich sein, alles streng formal durchzuführen.

Ich wähle dafür den Doppelorthogonalensatz. Er lautet:

»Jede Gerade, die zu einer Ebene orthogonal ist, ist auch zu jeder Parallelebene orthogonal.«

Beweis: Nach Voraussetzung verhält sich die Figur, die aus den Parallelebenen E_1 und E_2 und einer Orthogonalen g_1 zu E_1 (der Fußpunkt sei P_1) besteht, gleichartig zu allen Geraden h von E_1, die durch P_1 gehen. Von P_1 werde eine Senkrechte g_2 auf E_2 gefällt. Wäre jetzt g_2 von g_1 verschieden, so bestimmten diese beiden Geraden eine Ebene, und diese schnitte E_1 in einer bestimmten Geraden h durch P_1. Das widerspräche der Homogenität. Also sind g_2 und g_1 gleich, d.h. g_1 ist auch orthogonal zu E_2.

Dieser Doppelorthogonalensatz zeigt schon deutlich, daß sich aus der hier vorgetragenen Begründung nur die euklidische, nicht eine nichteuklidische Geometrie ergeben wird. Dies kann auch explizit am Parallelenaxiom gezeigt werden. Da »Parallelität« hier als Grundbegriff auftritt, ist das Axiom so zu formulieren: Jede Gerade, die eine Ebene schneidet, schneidet auch jede Parallelebene.

Wenn das bewiesen werden kann, dann ist nämlich die Parallelebene zu E durch einen Punkt P ε E die einzige nicht schneidende Ebene durch P. Dann sind also »nicht-schneidend« und »parallel« äquivalente Begriffe, wie das bei *Euklid* per definitionem der Fall ist.

Den Beweis dieses Parallelenaxioms kann ich hier nicht ausführen. Ich möchte zu diesem Satz nur bemerken, daß er nicht aus dem Homogenitätsprinzip der Parallelität allein folgt. Es könnte ja durchaus sein, daß es durch jeden Punkt einer Ebene

Geraden gibt, die alle eine gegebene Parallelebene nicht schneiden. Dadurch wäre die Homogenität nicht verletzt.
Der Beweis des Parallelenaxioms benutzt den Doppelorthogonalensatz und auch das archimedische Axiom. Man kann zeigen, daß dieses hier sogar unentbehrlich ist. In solchen Abhängigkeits- bzw. Unabhängigkeitsfragen stecken natürlich noch viele Aufgaben für mathematische Analysen, um schließlich auf einfachste Weise den Weg von den Homogenitätsprinzipien der Grundformen: Ebene, Parallelität und Orthogonalität zu einer vollständigen axiomatischen Theorie der Geometrie zurückzulegen.

In einer Schlußbetrachtung möchte ich mir erlauben, auf diese Theorie zurückzublicken, als ob sie schon fertig vorläge. Sie kann von den Mathematikern rein formal wie jede andere axiomatische Theorie behandelt werden. Sie ist aber mehr als eine bloße axiomatische Theorie, wenn man ihre Grundbegriffe als räumliche Grundformen interpretiert, wie wir das nach *Dingler* zur Begründung der Axiome und Axiomenschemata getan haben. Durch diese Interpretation der Grundbegriffe wird die Theorie aber auch nicht zu einer physikalischen Theorie im Sinne der modernen Physik. Die moderne Physik versteht sich nämlich selbst als eine empirische Wissenschaft. Ihre Sätze sind Hypothesen, die durch Erfahrung, wenn nicht verifiziert, so doch widerlegt werden können. Dieses trifft auf die Theorie der homogenen geometrischen Grundformen ersichtlich nicht zu. Über das Verhalten gewisser materieller Körper, die auf Grund einer empirischen Physik als starr bezeichnet werden, z. B. ob diese die Herstellung sehr großer Parallelplatten gestatten oder nicht, darüber sagt diese Geometrie gar nichts aus. Sie definiert ja umgekehrt erst, wann ein Körper als starr anzusehen ist. Im Sinne *Kants* kann man also sagen, daß die Geometrie der homogenen Grundformen die Bedingungen schafft, die physikalische Messungen allererst möglich machen. Diese Geometrie gehört weder zur reinen Mathematik noch zur empirischen Physik. Sie stellt vielmehr den ersten Schritt dar, der über die reine Mathematik hinaus zu einer Physik führt. Ich möchte diese Geometrie deshalb eine *protophysikalische* Theorie nennen. In der Protophysik handelt es sich nicht mehr – wie in der reinen Mathematik – um die Konstruktion von Symbolsystemen und um das formale Operieren mit solchen selbsterzeugten Symbolen. Die Protophysik greift vielmehr schon in die uns umgebende Wirklichkeit über. Allerdings beschreibt sie nicht das Verhalten wirklicher Körper, sie schreibt ihnen vielmehr gewisse Grundformen vor. Auf die schwierige Frage, ob auch Teile der klassischen Mechanik noch zu einer solchen Protophysik zu rechnen sind, und evtl. welche, will ich hier, wo nur die Geometrie zur Diskussion steht, nicht eingehen.

Für die Erörterung der eigenartigen Zwischenstellung der Geometrie zwischen reiner Mathematik und empirischer Physik möchte ich aber noch auf folgendes hinweisen. Alles, was bisher über die Geometrie als Vorbedingung einer Physik gesagt wurde, gestattet nicht, die Behauptung zu beweisen, daß die euklidische Geometrie eine notwendige Vorbedingung *der* Physik sei. Die Geometrie der homogenen Grundformen ist zwar die euklidische Geometrie, und sie ermöglicht eine Definition des starren Körpers und damit eine messende Physik – aber daraus folgt nicht, daß unsere moderne Physik notwendig mit dieser so ermöglichten Physik identisch ist. Wenn wir von Physik schlechthin sprechen, so ist das ja nur ein Sammelname für eine Unzahl vergangener und gegenwärtiger wissenschaftlicher Bemühungen. Das Wort »Physik« bezeichnet einen Bereich menschlicher Tätigkeit, der uns zunächst nur historisch gegeben ist. Will man aber behaupten, daß die Sätze einer Protophysik mit Notwendigkeit von »der« Physik vorausgesetzt werden müssen, so ist dazu ein systematischer Begriff von Physik erforderlich. Ein solcher Begriff läßt sich zwar gerade so definieren, daß er die Homogenitätsprinzipien der Geometrie voraussetzt – dieser Gedanke ist von *Dingler* sehr weit verfolgt worden –, aber man wird niemandem verbieten können, daneben noch eine andere Physik, die auch noch hinrei-

chend eng sich mit der historisch gegebenen Physik deckt, zumindest für möglich zu halten.
Es scheint mir empfehlenswert zu sein, die Diskussion dieser wissenschaftsphilosophischen Grundfragen nicht dadurch zu belasten, daß man immer mehrere Schritte zugleich macht. In der gegenwärtigen Situation der festgefahrenen Diskussion um Möglichkeit und Notwendigkeit des synthetischen Apriori möchte ich mich daher auf die Geometrie beschränken. Hier liefern die *Dingler*schen Untersuchungen einen Ansatz zu einer Geometrie der homogenen Grundformen, die – obwohl sie die altbekannte euklidische Geometrie ist – dennoch, wie ich hoffe, die Diskussion neu in Gang bringen kann, einfach deshalb, weil sie nichts anderes tut, als eine Möglichkeit aufzuweisen, die bisher – und zwar schon seit *Euklid* – vergessen worden ist.

Wie ist die Objektivität der Physik möglich?

Nach dem geläufigen Selbstverständnis der Physik – und mit dem noch nicht philosophisch zergrübelten Verständnis des Wortes »Objektivität« – ist die Physik deshalb eine objektive Wissenschaft, weil sie die Aufgabe hat, die »Naturgesetze« zu erforschen. Daß es Naturgesetze gibt, wird dabei als eine Tatsache aufgefaßt, die nur zur Kenntnis genommen werden kann, die also weder »verstanden« noch als möglich »erklärt« werden kann.

Historisch gesehen, ist diese Tatsache erst seit Newton bekannt: erst seit Newton kann man auf gewisse Sätze der Physik (speziell das Gravitationsgesetz) hinweisen, wenn man nach »Naturgesetzen« gefragt wird.

Wenn aber die Existenz von Naturgesetzen nur dadurch bewiesen wird, daß man »Sätze der Physik« anführt, so ist kritisch folgendes zu fragen: 1. Welche Sätze gehören zur Physik? 2. Welche Sätze der Physik sind »Naturgesetze«?

Für eine Antwort auf die erste Frage sind die Namen »Physik« oder »Naturlehre« ganz irreführend: »physis« bezeichnet seinem Wortsinn nach das Wachsen, noch spezieller bezeichnet »Natur« ursprünglich nur das, was geboren wird.

»Physik« in unserem Sinne bezeichnet aber definitiv eine Wissenschaft vom Nicht-Lebendigen. Also müßte man zur Definition der Physik zunächst definieren, was das Lebendige ist. Dies führt notwendigerweise immer wieder zu Zirkeln, solange man nicht weiß, mit welchen Begriffen man anzufangen hat. Die einzige Möglichkeit für die ersten Begriffsbildungen, die allen Einzelwissenschaften vorausgehen, ist, sich wie Aristoteles an einfachen Beispielen zu orientieren. Wir nehmen als Repräsentanten für alles Seiende die folgenden: Menschen, Tiere, Pflanzen und Steine.

Wir unterscheiden die Menschen von den Tieren dadurch, daß nur die Menschen Geist (Vernunft) haben; die Tiere von den

Pflanzen dadurch, daß nur die Tiere Seele (Bewußtsein) haben, und die Pflanzen von den Steinen dadurch, daß nur die Pflanzen Leben haben. Für die Steine bleibt nur das übrig, was auch für alles andere gilt, nämlich daß sie *Körper* sind.
In hochterminologischer Sprechweise hat man hier eine Ontologie vor sich, und zwar – mit einer räumlichen Metapher – eine Einteilung in Sphären: die Sphäre der Somata, d. h. der Körper, und – in üblicher Anordnung – *darüber* die Biosphäre, dann die Psychosphäre und schließlich die Noosphäre.
Zu jeder Sphäre gehört eine besondere Wissenschaft. Von oben nach unten sind das: die Noologie, zu der also unsere Geisteswissenschaften gehören, die Psychologie, die Biologie und die Somatologie.
Die Somatologie ist: die Lehre von den Körpern, insofern sie nichts als Körper sind. Die Physik ist ein Teil der Somatologie.
Zur Definition der Physik ist nämlich noch eine Unterscheidung erforderlich. Solche Wissenschaften wie die Geologie, die Meteorologie und die Astronomie, die sich mit individuellen einmaligen Körpern, z. B. der Erde, der irdischen Atmosphäre oder den Planeten befassen, gehören nicht zur Physik (sondern zur individuellen Somatologie).
Daß sich die Planeten angenähert in Ellipsen um die Sonne bewegen, das ist kein Naturgesetz, das ist ein Faktum. Erst die Sätze der Physik, die zur Erklärung dieses Faktums dienen, nennt man Naturgesetze. Die Planetenbewegung ist das klassische Beispiel einer genauen Verhaltenskonstanz der Natur. Würden die Planeten ihr Verhalten ändern, so wäre das keine Durchbrechung der Naturgesetze – wir würden vielmehr nur erfahren, daß unsere bisherige physikalische Erklärung ihres Verhaltens unzureichend war.
Die Physik handelt nicht von individuellen Körpern, sondern von den Körpern im allgemeinen. Die Physik ist universelle Somatologie. Sie ist systematisch zweizuteilen in die Lehre von der Zusammensetzung der Körper aus Teilen (dies führt zur Chemie und zur Atomphysik, die ja eng zusammengehören)

und in die Lehre von den Bewegungen der Körper *ohne* Änderung ihrer Zusammensetzung. Dieser zweite Teil ist im wesentlichen das, was wir klassische Physik nennen. Sie definiert *Kräfte* als die Ursachen von Bewegungsänderungen.

Die allgemeine Lehre von den durch beliebige Kräfte bewirkten Bewegungsänderungen der Körper heißt Mechanik. Die in der unbelebten Natur vorkommenden Bewegungsänderungen (also ohne Einwirkung von Lebewesen, z. B. den Menschen, vorkommend) erklären wir durch die Annahme spezieller *Kraftfelder*, und zwar der Gravitationsfelder und der elektromagnetischen Felder. Beispiele sind das Schwerefeld der Erde und die Felder der Magneten. Mit dieser Einteilung in Mechanik, Gravitationstheorie und Elektromagnetik ist in der Tat die ganze klassische Physik erfaßt.

Die Frage: »Wie sind Naturgesetze möglich?« möchte ich daher so auffassen, daß nach der Möglichkeit der klassischen Physik im Sinne einer allgemeinen Lehre von den Bewegungen der Körper, insofern sie nichts als Körper sind, gefragt wird.

Ehe wir uns um eine Antwort bemühen, möchte ich noch darauf hinweisen, daß diese klassische Physik etwas anderes ist als das, was etwa Goethe in seiner Farbenlehre suchte. Die Phänomene des Lichts, das wir mit unseren Augen wahrnehmen, werden nicht behandelt – es wird nur ein gewisser Teil der Elektrodynamik traditionell »Optik« genannt. Ebenso wird statt einer Akustik, die die Phänomene des Schalls, speziell der Musik behandelt, nur eine »Akustik« gelehrt, die die Wellenbewegungen gasförmiger Körper untersucht. Wärme kommt nur als Molekularbewegung vor. Die Phänomene des Geruchsinnes und des Geschmacksinnes kommen überhaupt nicht vor: ihre Untersuchung gehört zur angewandten Chemie.

Die seit Galilei und Newton entstandene klassische Physik ist keine phänomenologische Physik, wie es die antike Physik weitgehend war, deren Namen sie übernommen hat.

Man kann dies auch schon daraus sehen, daß die Sätze der klassischen Physik mathematische Formeln sind, keine Sätze der natürlichen Sprachen, mit denen man ja über Wahrnehmungen spricht. Wie ist es möglich, daß gewisse mathematische Formeln Gesetze der Natur sein sollen? Diese Frage müssen wir beantworten.

Dazu muß ich ganz kurz andeuten, was Mathematik ist. Ich kann mich dabei natürlich auf die Teile der Mathematik beschränken, die für die klassische Physik gebraucht werden, – und alles andere beiseite lassen. Die mathematische Sprache der Physik wird von der Arithmetik, einschl. der höheren Arithmetik, der Infinitesimalrechnung, geliefert. Hier handelt es sich um ein Operieren mit selbsterzeugten Symbolen, nämlich den Zahlsymbolen, die eigens zum Zwecke des Zählens in bekannter Weise erfunden worden sind. Die wichtigsten Operationen der Arithmetik sind die Addition und die Multiplikation.

Merkwürdigerweise kommt in physikalischen Sätzen meist nur die Multiplikation vor. Ich gebe einige Beispiele:

Pyramidensatz: $V = {}^1/_3 F \cdot H$

(V Volumen, F Grundfläche, H Höhe)

Beschleunigungssatz: $s = {}^1/_2 b \cdot t^2$

(s Weg, b Beschleunigung, t Zeit)

Impulssatz: $M_1 \cdot v_1 = M_2 \cdot v_2$

(M_1, M_2 Massen v_1, v_2 Geschwindigkeiten)

Gravitationsgesetz: $g \sim \frac{M}{r^2}$

(g Gravitationsbeschleunigung, M Masse, r Entfernung)

Diese Beispiele sind aus verschiedenen Teildisziplinen genommen. Der Pyramidensatz gehört zur Geometrie (Eudoxos), der Beschleunigungssatz zur Kinematik (Nikolaus von Oresme) und der Impulssatz zur Mechanik (Huyghens). Das Gravitationsgesetz von Newton gehört natürlich zur Gravitationstheorie. Es gehört nicht zur Mechanik, wie ich sie hier abgegrenzt habe, weil es vom Schwerefeld, nicht von beliebigen Kräften handelt.

Meine Methode zur Beantwortung der Frage: »Wie sind Naturgesetze möglich?« ist nun einfach diese, daß man an solchen Beispielen wie den obigen zu verstehen sucht, wie man zu ihnen kommt.

Keines der obigen Beispiele gehört zur Arithmetik; diese wird vielmehr stets vorausgesetzt. Ich habe diese Sätze vorhin alle kurzerhand als »physikalisch« bezeichnet. Aber darin steckt schon ein Problem. Nach gewöhnlichem Sprachgebrauch rechnet man die Geometrie zur Mathematik, nicht zur Physik. Da die Geometrie jedenfalls nicht zur Arithmetik gehört, sieht das aus wie ein Streit um Worte. Aber hinter diesem Wortstreit steckt die folgende Frage: Unterliegt die Geometrie der Kontrolle der Erfahrung, also der messenden Experimente, so wie etwa das Gravitationsgesetz, oder ist die Geometrie durch Erfahrung unwiderlegbar, so wie es die Arithmetik ist?

In der Kantischen Terminologie heißt die Frage, ob die Geometrie eine apriorische Wissenschaft ist oder eine empirische (aposteriorische) Wissenschaft. Seit etwa der Mitte des vorigen Jahrhunderts hat sich die Meinung durchgesetzt, die Geometrie sei nicht apriorisch. Erst recht sind nach dieser Meinung Kinematik und Mechanik nicht apriorisch. Der Impulssatz z. B. ist ein Erfahrungssatz, so wird behauptet, und damit ein echtes Naturgesetz, keine menschliche Setzung.

Nach Kant ist dagegen sogar das Gravitationsgesetz apriorisch. Mir scheint die Wahrheit so etwa in der Mitte zu liegen: die Mechanik ist apriorisch, die Gravitationstheorie empirisch.

Die Begründung meiner Meinung kann ich hier nur in groben Zügen skizzieren. Ich bitte dazu, darauf zu achten, daß die Reihenfolge der obigen Beispiele nicht nur historisch, sondern auch systematisch ist: in jedem Beispiel werden die Begriffe der vorhergehenden Beispiele vorausgesetzt, es kommt aber immer ein neuer Begriff hinzu. Davon macht erst das Gravitationsgesetz eine Ausnahme.

In der Geometrie haben wir es nur mit räumlichen Messungen

zu tun: Länge, Flächeninhalt und Volumen. In der Kinematik kommt die Messung von Zeiten hinzu. Die Beschleunigung wird definiert als ein Maß der Änderung der Geschwindigkeit, die Geschwindigkeit selbst als ein Maß der räumlichen Änderung. Mathematisch handelt es sich dabei um Differentialquotienten – und der Beschleunigungssatz ist eine mathematische Folgerung aus den Definitionen.

Beim Impulssatz kommt die Messung von Massen hinzu. Dann erst läßt sich ein Kraftmaß definieren, nämlich nach Newton durch das Produkt von Masse und bewirkter Beschleunigung.

Erst das Gravitationsgesetz führt weder eine neue physikalische Meßgröße ein, noch ergibt es sich als mathematische Folgerung aus den vorhergehenden Definitionen. Es ist ein Naturgesetz. Jetzt können wir schon genauer sagen, was das heißt. Nach dem Gravitationsgesetz hat eine träge Masse M ein Gravitationsfeld, das bei jedem Körper in der Entfernung r eine Beschleunigung g bewirkt, die proportional zu $\frac{M}{r^2}$ ist. Alle vorkommenden Größen sind hier meßbar. (Die Entfernung r geometrisch, die Beschleunigung b kinematisch, die Masse M mechanisch.) Weil das Gesetz $g \sim \frac{M}{r^2}$ etwas über *alle* Gravitationsfelder aussagt, kann es nicht einfach durch Messungen (das sind ja stets nur endlich viele) verifiziert werden. Es ist sogar so, daß es nicht ohne weiteres durch Messungen, die deutlich abweichende Meßergebnisse liefern, widerlegt werden könnte. Es besteht vielmehr immer die Möglichkeit, abweichende Meßergebnisse zu erklären durch sogenannte Störungen; z. B. kann ein Medium wie die Luft die Gravitationsbewegung stören oder es können andere Kräfte, etwa elektromagnetische Kräfte, stören. Das Gravitationsgesetz ist ein empirischer Allsatz und dient als eine Hypothese zur Erklärung der Bewegungsphänomene. Eine solche Hypothese wird als ein Satz in die Physik aufgenommen, wenn sie sich – zusammen mit den anderen Sätzen der Physik – zur Erklärung der Bewegungsphänomene bewährt. Diese bewährten Sätze der Physik sind unsere Naturgesetze.

Nach der herrschenden Lehre, dem sogenannten Positivismus, kommt *allen* Sätzen der exakten Wissenschaften, sofern sie nicht zur Mathematik (d. h. zur Logik oder Arithmetik) gehören, dieser hypothetische Charakter empirischer Allsätze zu.

Der Kern der Kantischen Lehre scheint mir demgegenüber darin zu liegen, daß einerseits dieser hypothetische Charakter der Naturgesetze anerkannt wird (gegenüber einem Rationalismus oder Realismus, der die Naturgesetze so auffaßt, als ob sie uns offenbaren könnten, wie es wirklich sei – neuerdings sagt man dafür, daß sie die Wirklichkeit beschrieben), daß aber andererseits das Gebiet der Geometrie, Kinematik und Mechanik, das zwischen der Mathematik und der empirischen Physik liegt, als eine nicht-hypothetische Lehre von den Begriffen: Raum, Zeit und Masse begründet wird.

Ich möchte dieses Gebiet, das von der Mathematik aus gesehen die ersten Schritte enthält, die getan werden müssen, ehe man physikalische Messungen anstellen kann, *Protophysik* nennen.

Mit der bloßen Behauptung des apriorischen Charakters der Protophysik ist aber natürlich noch nichts gewonnen. Wir müssen nach Kant fragen, wie eine apriorische Protophysik möglich ist. Die Kantischen Untersuchungen dazu sind im Detail leider völlig unzureichend. Von Physikern und Mathematikern wird das Problem meistens überhaupt nicht gesehen oder sogar dogmatisch abgeleugnet. Ausnahmen aus der letzten Zeit sind Hugo Dingler und Hermann Weyl. Es bleiben noch sehr viele Einzelfragen zu klären. Aber um die bloße Möglichkeit apriorischer Protophysik einzusehen, genügen vielleicht schon einige Andeutungen.

Die größte Schwierigkeit liegt – wie gewöhnlich – in den ersten Schritten. Innerhalb der Protophysik steht die Geometrie an erster Stelle. Unser Beispiel des Pyramidensatzes $V = 1/3\, F \cdot H$ steht im 12. Buch von Euklid. Er war aber den Ägyptern schon bekannt. Man kann ihn ja auch empirisch prüfen, indem man etwa die Wasserverdrängung von 3 Pyramiden mit der Wasserverdrängung eines Prismas gleicher Grundfläche und Höhe ($V = F \cdot H$) vergleicht. Euklid gibt aber einen Beweis, übrigens einen durchaus nicht trivialen Beweis, der das ganze 5. Buch voraussetzt. Ein Beweis führt von Sätzen, die man schon hat, zu einem neuen Satz. Wir müssen daher innerhalb der Geometrie nochmals nach den ersten Sätzen fragen. Man nennt diese ersten Sätze Axiome.

Unsere Frage: Wie sind Naturgesetze möglich? hat uns also zu der Frage geführt: Wie ist eine apriorische Protophysik möglich? – und jetzt zu der Frage: Wie sind geometrische Axiome möglich?

Zur Geometrie kommen wir, wenn wir nicht auf die Materie achten, aus der ein Körper besteht, sondern auf die Form, die ein Körper hat. Das ist eine alltägliche Unterscheidung, deren Wichtigkeit zuerst von Aristoteles gesehen wurde. Bei den Formen unterscheiden wir – wieder ebenso alltäglich – Flächen, Linien und Punkte.

Solche Unterscheidungen der natürlichen Sprache allein liefern niemals eine Grundlage für eine exakte Wissenschaft. Es muß das hinzukommen, was Platon eine Idee, Kant eine reine Anschauung nannte. Was das ist, muß an Beispielen gezeigt werden. Als ein erstes Beispiel, das keine anderen voraussetzt, ist die ebene Fläche besonders wichtig. Aus der natürlichen Sprache weiß man so ungefähr, wann eine Fläche »eben« heißt. Die Ebenheit ist aber etwas anderes als die bisherigen Begriffe, denn wir können sinnvoll von vollkommenen Ebenen sprechen, obwohl wir keine vollkommene Ebene an wirklichen Körpern aufweisen können.

Dieses Rätsel der platonischen Ideen löst sich dadurch, daß die vollkommene Ebenheit eine genau formulierbare, ideale Forderung ist, die stets nur ungenau, aber immer genauer realisierbar ist.

Die ideale Forderung, die wir an eine vollkommene Ebene stellen, ist die Forderung der Homogenität: alles, was für einen Punkt der Ebene gilt, soll auch für jeden anderen Punkt gelten. Genauer heißt dieses: gilt eine geometrische Aussage A (E, P) über eine Ebene E und einen ihrer Punkte P, so soll für jeden anderen Punkt P′ dieser Ebene die entsprechende Aussage

A (E, P′) gelten. Schreiben wir P ε E bzw. P′ ε E für »P bzw. P′ ist ein Punkt von E«, so erhalten wir als genaue Formulierung unserer idealen Forderung:

$$P \in E \wedge P' \in E \wedge A(E, P) \rightarrow A(E, P')$$

Das ist ein erstes Beispiel eines Axioms. Hier ist es sinnlos, die Möglichkeit zu erwägen, die Gültigkeit dieses Axioms könnte durch physikalische Messungen widerlegt werden. Physikalische Messungen setzen voraus, daß man schon Räume, Zeiten und Massen messen kann. Dabei müssen auch die Messungen durch ideale Forderungen so bestimmt sein, daß man von vollkommenen Messungen sprechen kann, die stets nur ungenau, aber immer genauer realisiert werden können. *Nur dadurch, daß Übereinstimmung besteht über die idealen Forderungen, die an die Messungen zu stellen sind, wird die Objektivität dieser Messungen ermöglicht.* Mit »Objektivität« meine ich dabei die sogenannte Intersubjektivität: die Meßresultate sind unabhängig von den individuellen Umständen, z.B. den Personen. Die idealen Forderungen, durch die die vollkommenen Messungen bestimmt werden, sind Sätze, die als Axiome für die protophysikalischen Theorien dienen können. Alle anderen Sätze dieser Theorien sind logisch-arithmetische Folgerungen aus ihnen.

Der Nachweis, daß man auf diese Weise ein ausreichendes Axiomensystem für die Protophysik, d.h. für die Geometrie, Kinematik und Mechanik erhält, ist bisher nicht in allen Einzelheiten geführt.

Ich fühle mich trotzdem berechtigt, hier dieses Programm einer Begründung der Protophysik soweit zu schildern, weil es m. E. die einzige Möglichkeit ist, zu verstehen, wie schließlich – auf der Basis einer so begründeten Protophysik – die objektive Erkenntnis von Naturgesetzen möglich wird. Ich möchte die dazu erforderlichen Schritte noch einmal zusammenfassen:

1. Definition der Messung von Räumen, Zeiten und Massen durch ein System idealer Forderungen.

2. Protophysik als das System der logisch-arithmetischen Folgerungen aus diesen idealen Forderungen.
3. Objektive Messung von Bewegungsphänomenen und Aufstellung von Hypothesen über Kraftfelder.
4. Bewährung der Hypothesen zur Erklärung der Verhaltenskonstanz der Natur.

Das, was wir »Naturgesetze« nennen, erweist sich so als ein Resultat, zu dem wir gelangen, wenn wir die Verhaltenskonstanzen der Natur mit den aus der Protophysik gewonnenen objektiven Maßstäben messen.

Moralische Argumentationen im Grundlagenstreit der Mathematiker

Zum Verständnis der moralischen Problematik, um die es in dem gegenwärtigen Grundlagenstreit der Mathematiker geht, braucht man von der Mathematik nicht mehr zu wissen, als eine gute Schulbildung vermittelt. Man muß wissen, wie die Arithmetik mit den natürlichen Zahlen

$$|, ||, |||, \ldots$$

in der üblichen Schreibweise

$$1, 2, 3, \ldots$$

anfängt zu rechnen, wie sie dann zu den rationalen Zahlen, z.B. $3/4$ oder $5/7$, und zu reellen Zahlen, z.B. geschrieben als unendliche Dezimalbrüche wie 0,333 ... oder 0,101001000 ... fortschreitet. Für diese Zahlen werden schließlich Funktionen definiert, wie z.B. $f(x) = x^2$ oder $f(x) = \log x$. Wünschenswert wäre darüber hinaus ein Wissen um wenigstens einige einfache Sätze wie etwa (mit x, y als Variablen für reelle Zahlen) den Satz

$$\bigwedge_x (x > 0 \rightarrow \bigvee_y y^2 = x)$$

In Worten: für alle reellen Zahlen x gilt: wenn x positiv ist, dann gilt für mindestens eine reelle Zahl y, daß das Quadrat von y gleich x ist.

Es ist auch daran zu erinnern, daß mathematische Sätze wie unser Beispielsatz stets bewiesen werden sollten. Bei der Frage, was ein Beweis ist, beginnen aber schon die Grundlagenschwierigkeiten. Eine intensive Bemühung um Beweise aller Sätze, die für das Rechnen mit reellen Zahlen – insbesondere für die Differential- und Integralrechnung – erforderlich sind, hat erst im vorigen Jahrhundert eingesetzt. Seit etwa 1900 hat diese Bemühung aber, vor allem durch Hilbert und Russell, eine merkwürdige Wendung genommen: Nach dem Vorbild der griechischen Geometrie hat man gewisse erste Sätze, sogenannte Axiome, *ohne* Beweis aufgestellt, derart, daß die übrigen Sätze nach logischen Regeln aus ihnen gefolgert werden konnten. Hilbert gab dieser axiomatischen Methode der antiken Geometrie in ihrer neuen Anwendung auf die Arithmetik die folgende formalistische Gestalt: die Axiome werden als inhaltsleere Zeichenreihen aufgefaßt, als bloße Formeln – und die logischen Regeln als Operationsregeln, die aus solchen Formeln weitere Formeln herzustellen gestatten. Zum Beispiel läßt sich aus unserem Beispielsatz der folgende Satz

$$\bigwedge_x \bigvee_y (x > 0 \rightarrow y^2 = x)$$

logisch herstellen, weil eine der logischen Regeln gestattet, aus einer Zeichenreihe der Form

$$A \rightarrow \bigvee_y B(y)$$

die Zeichenreihe

$$\bigvee_y (A \rightarrow B(y))$$

herzustellen: die logische Regel gestattet, den Quantor $\bigvee_y$ vor die Klammer zu ziehen. Den Sinn (oder Inhalt) der Zeichen und Formeln kann man bei dieser formalistischen Auffassung gänzlich vergessen, es kommt nur auf die Form, d. h. nur auf die Zeichen selbst an: aus vorgegebenen Formeln werden nach vorgegebenen Regeln weitere Formeln hergestellt, weiter nichts. Die Konstruktion der mathematischen Objekte, z. B. der Zahlen, und die Beweise der mathematischen Sätze werden auf solche *Formalismen* reduziert, also auf solche Regelsysteme zum Operieren mit Formeln.

Jetzt läßt sich der Grundlagenstreit, der zwischen zwei Parteien mit den Namen Konstruktivisten und Formalisten geführt wird, folgendermaßen formulieren: Die Formalisten behaupten, daß nur die formalistisch reduzierte Mathematik zur mathematischen Wissenschaft gehöre, alles vorhergehende Konstruieren und Beweisen sei *vor*wissenschaftlich. Von den Konstruktivisten wird dies bestritten: sie sehen in den *Konstruktionen* mathematischer Objekte und in den auf diese Objekte als ihren Inhalt bezogenen *Beweisen* einen wesentlichen Bestandteil der mathematischen Wissenschaft. Formalismen werden dagegen nur als – wenn auch häufig unentbehrliche – Hilfsmittel angesehen. Diese Darstellung des Streitpunktes mag den

Eindruck erwecken, als ob es sich um einen Streit um die Wörter ›wissenschaftlich‹ und ›vorwissenschaftlich‹ handelte, als ob insbesondere die Formalisten in kleinlicher Weise gewisse Dinge wie Konstruktion und inhaltliche Beweise, die anderen Mathematikern lieb und wert sind, nicht als Wissenschaft gelten lassen wollten. Die Situation ist aber nicht so einfach. Die Schwierigkeiten konstruktiver Beweise gewisser Sätze über reelle Zahlen haben vielmehr dazu geführt, daß die Formalisten nicht nur mit Formeln operieren, für die es konstruktive Beweise gibt (wenn diese Beweise auch von den Formalisten nicht zur Kenntnis genommen werden), sondern die Formalisten operieren auch mit Formeln, für die es keinen konstruktiven Inhalt gibt, und darüber hinaus wird nach Regeln operiert, die der Konstruktivist beim besten Willen nicht als logische Regeln interpretieren kann.

Solche Formalismen, die von den Konstruktivisten nicht als Hilfsmittel ihrer Mathematik verwendbar sind, möchte ich hier kurz *transzendent* nennen, diejenigen dagegen, die in der konstruktiven Mathematik verwendet werden können, *immanent*. Die transzendenten Formalismen werden von den Konstruktivisten nicht zur wissenschaftlichen Mathematik gerechnet. Ein Beispiel solcher Transzendenz ist das folgende: Unser Beispielsatz in seiner zweiten Form

$$\bigwedge_x \bigvee_y (x > 0 \rightarrow y^2 = x)$$

gestattet, auf den folgenden Satz zu schließen:

$$\bigvee_f \bigwedge_x (x > 0 \rightarrow f(x)^2 = x)$$

Hier ist f eine Variable für eine reelle Funktion. Zum Beweis kann man f(x) als die positive Quadratwurzel von x definieren (und als 0 für $x \leq 0$).

Formalistisch betrachtet wird hier von einer Formel

$$\bigwedge_x \bigvee_y \; A(x, y)$$

auf die Formel

$$\bigvee_f \bigwedge_x \; A(x, f(x))$$

geschlossen. Diese Schlußregel, das sogenannte Auswahlprinzip, gilt aber konstruktiv *nur* in Spezialfällen, wie dem obigen, *nicht* allgemein. Wenn die formalistische Mathematik das Auswahlprinzip als allgemeine Schlußregel benutzt, so ist es daher »transzendent«.

Es ist verständlich, daß jetzt der Eindruck entstehen könnte, in dem Grundlagenstreit seien die Konstruktivisten kleinlich; sie wollen ja die Formalismen, die sie nach ihren eigenen Kriterien – und diese Kriterien sind für die Formalisten vorwissenschaftlich – transzendent nennen, als *un*wissenschaftlich aus der Mathematik ausschließen. Also: die Konstruktivisten sollen *vor*wissenschaftlich sein, die Formalisten dagegen *un*wissenschaftlich – und beide Parteien halten sich gegenseitig für kleinlich, sich selbst natürlich für großzügig: es ist ja nur um der Wissenschaft willen, daß man den anderen kritisiert. Der Vorwurf der Formalisten, daß ihre Gegner sich mit *vor*wissenschaftlichen Konstruktionen abgeben, ist normalerweise nicht moralisch gemeint: man hält die Konstruktivisten eher für geistig beschränkt, sie haben eben nicht den Weitblick, die neuen Möglichkeiten transzendenter Formalismen zu erkennen. Erst die Konstruktivisten bringen einen moralischen Aspekt in den Grundlagenstreit. Sie antworten nämlich, daß sie nicht so beschränkt seien, nicht zu verstehen, daß man auch nach den Regeln transzendenter Formalismen operieren könne – dieses Operieren sei aber (wegen der Transzendenz) – bloße Spielerei. Deutlicher gesagt, es sei moralisch nicht zu rechtfertigen, daß ein Mathematiker seine Zeit auf diese Weise verschwende, statt sich auf die konstruktive Mathematik mit ihren immanenten Formalismen zu beschränken, wenn es denn schon Formalismen sein sollen.

Dieser moralische Vorwurf soll im folgenden diskutiert werden. Bei dem desolaten Zustand, in dem sich die Moralphilosophie gegenwärtig befindet (der gegenwärtige Zustand hat allerdings eine mehr als zweitausendjährige Vorgeschichte, in der die Theologie und die Physik eine ziemlich unglückliche Rolle gespielt haben), ist es leicht verständlich, daß die erste Reaktion der Formalisten der Versuch ist, das moralische Gebiet zu vermeiden. Man weist darauf hin, daß alle Wissenschaft wertfrei sei – ein freies Spiel des Geistes –, die Konstruktivisten seien also Spielverderber. Ersichtlich begeben sich die Formalisten mit solchen Argumenten erst recht auf moralphilosophisches Gebiet. Vor der Erörterung der hier zugrunde liegenden moralischen Problematik sei daher kurz erwähnt, welche Möglichkeiten es gibt, das Moralische tatsächlich zu vermeiden: der Formalist müßte – und das wird auch häufig getan – den Unterschied zwischen immanenten und transzendenten Formalismen leugnen. Entweder leugnet man, daß Formalismen überhaupt irgend etwas anderes vorausgeht (seien es nun Konstruktionen oder was für Inhalte auch immer), oder man behauptet, daß die nach Ansicht der Konstruktivisten transzendenten Formalismen ebenfalls Formalisierungen von Inhalten seien, jetzt aber von nichtkonstruktiven Inhalten, etwa sogenannten Anschauungen oder Ideen. Hier ist man dann in der Tat bei moralfreien erkenntnistheoretischen Behauptungen angelangt. z. B. daß es gewisse nichtkonstruktive Ideen gebe. Erkenntnistheoretische Fragen sollen hier aber nicht diskutiert werden. Ohne den Unterschied zwischen immanenten und transzendenten Formalismen zu leugnen, besteht noch folgende Möglichkeit zu einer Einigung zu kommen – auch dann, wenn man das moralische Gebiet noch vermeidet. Wenn nämlich für gewisse Formalismen *zur Zeit* bei konstruktiver Betrachtung keine Verwendbarkeit besteht, so heißt das ja nicht, daß nicht *in Zukunft* noch eine Verwendbarkeit für die konstruktive Mathematik bewiesen werden könnte. Das heißt, man könnte eine zukünftige Immanenz vermuten. Im selben Moment, in dem man die Beschäftigung mit einem Formalismus damit rechtfertigt, daß dieser Formalismus sich *vermutlich* als ein immanenter erweisen lasse, ist das moralische Gebiet wieder verlassen. Die Verwendung tanszendenter Formalismen wäre als ein Provisorium gekennzeichnet – und man könnte es getrost dem persönlichen Geschmack überlassen, ob jemand sich nur mit Formalismen beschäftigen will, deren Sinn schon gesichert ist, oder auch mit solchen, bei denen ein Risiko der Sinnlosigkeit besteht. Natürlich sollte das Risiko nicht zu groß sein – die Entscheidung darüber wäre aber ebenfalls keine moralische, sondern müßte sich an der Sache, an mathematischen Inhalten, orientieren. Leider wird diese Einigungsformel z. Z. kaum akzeptiert. Statt dessen herrscht eine Art Glaubenskrieg zwischen Konstruktivisten und Formalisten, in dem mancherlei moralische Argumente mehr oder weniger verdeckt gebraucht werden. Um diese zu diskutieren, setze ich im folgenden voraus, daß gewisse Formalismen als immanent anerkannt sind, gewisse andere als transzendent – und die Frage sei ausschließlich, durch welche außermathematischen Gründe sich die Beschäftigung mit solchen transzendenten Formalismen moralisch rechtfertigen ließe. Ich werde vier Argumente unter den Stichworten: Gewohnheit, Notwendigkeit, Schönheit und Freude diskutieren.

Das Argument mit der *Gewohnheit* ist das einfachste: die Formalisten können darauf hinweisen, daß seit dem Ende des vorigen Jahrhunderts transzendente Formalismen bei den Mathematikern faktisch in Gebrauch sind. Statt mit mathematischen Zeichen wurde zwar oft mit gewöhnlichen Wörtern operiert (so insbesondere vor Hilbert und gegenwärtig überall da, wo man die Mengenlehre Cantors, diese begann 1872, noch ohne Formalisierung verwendet), aber viele der gebräuchlichen Operationsregeln waren eben transzendent. Diese – wenn auch nicht gerade alte – Tradition von etwa 100 Jahren ist zudem deutlich die herrschende Lehre. Nach meiner Schätzung ist z. Z. höchstens 1 % der Berufsmathematiker bereit, auf alle transzendenten Regeln zu verzichten. Warum auch, wenn die anderen es auch nicht tun? Eine Tätigkeit wie die Herstellung von Formeln nach gewissen Regeln, die die berühmtesten Mathematiker der letzten zwei bis drei Generationen sich ausgedacht haben und die von den berühmtesten Mathematikern der Gegenwart virtuos gehandhabt werden, sollte plötzlich unmoralisch sein? Und dies bloß, weil die Konstruktivisten behaupten, diese Tätigkeit sei transzendent? Verständlicherweise wird von der Majorität der konservative Ratschlag, die Konstruktivisten, die an der Tradition kritisieren, einfach zu ignorieren, gern befolgt. Man kann ja dann, wie gewohnt, weitermachen. Nun kann man nicht gegen jemanden argumentieren, der sich schon entschlossen hat, die Argumente, die man vorbringen will, zu ignorieren. Also kann man auch gegen die Konservativen nicht argumentieren, allerdings braucht man es auch nicht, weil der Hinweis auf die bloße Faktizität einer Gewohnheit noch keinen Rechtsgrund für diese Gewohnheit ergibt.

Sehr häufig wird das Faktum, daß gewisse transzendente Formalismen Tradition geworden sind, dazu benutzt, um daraus zu schließen, daß diese Formalismen *notwendig* seien, notwendig in dem genauen Sinne, daß nur mit ihnen – auf dem Wege ihrer Verwendung in der Physik und damit in der Technik und Industrie – gewisse Nöte der Menschen abzuwenden seien. Dies ist das Argument der Pragmatiker: gewisse Formalismen seien nützlich, genauer unsere Lebensnot erzwänge ihre Verwendung, ganz unabhängig davon, ob sie sich konstruktiv interpretieren lassen oder nicht. Eine solche Notwendigkeit transzendenter Formalismen für die Physik läßt sich nun allerdings aus der Geschichte von Mathematik und Physik *nicht* erschließen: niemand weiß, ob nicht eine geschickte Verwendung immanenter Formalismen eine noch bessere Physik zustande gebracht hätte. Nur wenn man ein spezielles Resultat der Physik nennen könnte, das zwar mit transzendenten, aber nicht mit immanenten Formalismen erreichbar wäre, hätte dieses Argument Kraft: Solche Resultate gibt es aber, soweit mir bekannt ist, nicht. Es ist wieder nur die Macht der Gewohnheit, die dafür spricht, die Physik nicht auf konstruktive mathematische Hilfsmittel zu beschränken.

Obwohl die Argumente der Gewohnheit und der Notwendigkeit die stärksten Motive der Formalisten sein dürften, sind sie als Argumente schwach. Stärker scheint zunächst das dritte Argument, das Argument der Ästheten zu sein, daß die transzendenten Formalismen *schöner* als die immanenten seien. In unserer Zeit, in der die meisten Gebildeten viel eher ästhetisch als ethisch interessiert sind, ist dieses Argument des Beifalls der Mehrheit sicher. Jeder, der Mathematik etwas genauer kennt, weiß, daß es schöne und weniger schöne Sätze, elegante und weniger elegante Beweise innerhalb der Mathematik gibt. Hierüber braucht kein Wort verloren zu werden. Aber das ästhetische Argument soll gewissen Formalismen, die von den Konstruktivisten als *un*wissenschaftlich verworfen werden, von denen also gar nicht feststeht, ob sie überhaupt zur Mathematik gehören – dadurch einen Platz in der Mathematik sichern, daß bloß behauptet wird, sie seien schön. Hier werden also nicht Mittel für einen schon als notwendig anerkannten Zweck daraufhin beurteilt, ob sie mehr oder weniger schön sind, vielmehr soll hier die Schönheit *allein*, unabhängig von jeder Notwendigkeit, dazu ausreichen, gewisse Formalismen als wissenschaftlich zu erweisen.

Wie man sieht, geht bei solchen Argumentationen der Unterschied zwischen Kunst und Wissenschaft verloren. Bei immanenten Formalismen kann man *zusätzlich* von ihrer Schönheit sprechen, weil sie schon durch ihre Notwendigkeit zur Mathematik gehören. Bei transzendenten Formalismen handelt es sich aber um beliebige Gegenstände, von denen bisher keinerlei Notwendigkeit einsichtig ist. Will man einige von ihnen schön nennen, andere häßlich, so fehlt dafür jedes Kriterium – es kann sich nur um persönliche Meinungen handeln, allenfalls um Gruppenmeinungen, also um Mode.

In der Tat kann man auch häufig hören, daß die Entscheidung darüber, welche Formalismen für einen Mathematiker schöne Gegenstände seiner Untersuchung seien, dem *Belieben* der Mathematiker selbst zu überlassen sei. Daran ist richtig, daß die Entscheidung darüber, ob ein Formalismus in der konstruktiven Mathematik verwendbar ist, ob er also immanent oder transzendent ist, nur von Mathematikern getroffen werden kann. Aber nicht nach ihrem Belieben, sondern durch einen *Beweis* der Verwendbarkeit innerhalb der Mathematik.

Stellt man dagegen auf das Belieben einer Gruppe ab, so ist man beim vierten und letzten Argument, dem Argument der Hedonisten: daß man nämlich diejenigen Formalismen in der Mathematik untersuchen dürfe, deren Untersuchung den Mathematikern am meisten *Freude* macht. Dies hedonistische

Argument vermischt sich oft mit dem ästhetischen. Man erklärt nämlich, daß man Freude an gewissen Formalismen habe, weil sie schön seien, zugleich gilt aber auch die persönliche Freude oder die der Gruppe als einziger Beweis dieser Schönheit. Hier wird also die hedonistische Ideologie der modernen Kunst verwendet, nach der schön ist, was einen sinnlichen Genuß (über Auge oder Ohr) erzeugt. Beschränkt man sich darauf, das private Vergnügen (eines einzelnen oder einer Gruppe) an gewissen Formalismen zu behaupten, so behauptet man ein bloßes Faktum. Wird aber das Vergnügen an Formalismen nicht *nur* als im privaten Interesse, sondern als *auch* im öffentlichen Interesse liegend in Anspruch genommen, so müßte sich die formalistische Mathematik mit demselben Recht wie mit der Malerei oder der Musik auch etwa mit der Kunst der Parfumhersteller vergleichen lassen: wäre es im öffentlichen Interesse nicht besser, die Parfumherstellung zu fördern als die formalistische Mathematik, da doch viel mehr Leute Freude an schönen Gerüchen als an schönen Formalismen haben? Zu dieser Konsequenz wäre man gezwungen, wenn sich *nur* hedonistisch für die transzendenten Formalismen argumentieren ließe. Faktisch vereinigen sich jedoch für die Formalisten die verschiedenen Argumente zu einem undurchsichtigen Gemenge.

Zunächst ist es immer die Gewohnheit, d.h. die Tradition und die herrschende Meinung, auf die man sich beruft; genaugenommen argumentiert man hier noch gar nicht, denn man bringt ja keine Rechtsgründe vor. Will man ernsthaft versuchen, seine Beschäftigung mit transzendenten Formalismen zu rechtfertigen, so empfiehlt es sich – nach dem Vorbild des Aristoteles – zunächst die Notwendigkeit, d.h. letzten Endes die Notwendigkeit für die Lebenserhaltung, zu untersuchen. Erst wenn dieser Versuch mißlungen ist, wird man versuchen, die Formalismen als schön zu verteidigen. Man hat hier keine andere Wahl, wenn man den Terminus »schön« im Sinne von Aristoteles nimmt, in dem er alles umfaßt, was sich rechtfertigen läßt, *ohne* lebensnotwendig zu sein. Da die Schönheit transzendenter Formalismen dann aber nicht als Verschönerung von Notwendigem zu rechtfertigen ist, ist man auf die Freude, d. h. auf individuelles oder kollektives Wohlgefallen, reduziert. Damit ist man dann aber auch beim Ende allen Argumentierens angelangt, weil sich über den Geschmack, dort wo er als bloßes Privatvergnügen auftritt, nicht argumentieren läßt.

Zur Feststellung eines öffentlichen Interesses bliebe nur die Zahl der Privatinteressenten relevant.

Die hier angestellten Überlegungen über die möglichen moralischen Argumentationen im Grundlagenstreit der Mathematik entscheiden für diesen Grundlagenstreit natürlich nichts. Sie scheinen mir aber für die Moralphilosophie selbst nützlich zu sein. Wie immer der Grundlagenstreit auslaufen wird, zeigt er nämlich schon, daß sich noch nicht einmal die stengste aller Wissenschaften, die Mathematik, ohne moralische Argumente begründen läßt. Auch in ihr kann man sich nicht »wertfrei« auf Formalismen zurückziehen – denn es muß die *Auswahl* der Formalismen begründet werden. Der Grundlagenstreit hat ferner gezeigt, daß der Sinn von Formalismen nur gesichert werden kann, wenn man dazu auf unsere eigenen Konstruktionen (beginnend mit der Konstruktion der Zahlen) zurückgreift. Konstruktionen sind aber Handlungen. Diese müssen durch Konstruktionsvorschriften, also durch *Normen* festgelegt werden. Und Normen müssen gerechtfertigt werden: man muß zeigen, daß es besser ist, die Normen zu befolgen als sie nicht zu befolgen. Auch hier kommt man also letztlich auf das Moralische, d. h. auf die Frage nach dem Guten, d. h. nach dem Besseren oder Schlechteren.

Daß es um die Moralphilosophie z. Z. nicht gut bestellt ist, auch dafür ist der Grundlagenstreit der Mathematiker mit seinen vielen mangelhaften moralischen Argumenten ein schlagendes Beispiel. Nur an der Diskussion solcher konkreten Beispiele kann man aber versuchen, die Kunst ernsthafter moralischer Argumentationen wieder – wie z. Z. des Aristoteles – *einzuüben*, und damit auch die Moralphilosophie als die Lehre der moralischen Argumentations*formen* neu zu gewinnen.

Drucknachweise

Collegium Logicum: Erlanger Universitätsreden. Neue Folge, Heft 18, Erlangen 1963
Methodisches Denken: Ratio, Bd. VII, 1965, S. 1–23
Logische Strukturen in der Sprache: Studium Generale, Jg. 19, Heft 7, 1966, S. 398–401
Logik und Grammatik: Duden-Beiträge zu Fragen der Rechtschreibung, der Grammatik und des Stils. Heft 26, Mannheim 1965
Protologik. Ein Beitrag zum Begründungsproblem der Logik: Kant-Studien, Band 47, Heft 4, 1955–1956, S. 350–358
Das Aktual-Unendliche in der Mathematik: Philosophia Naturalis, Band 4, Heft 1, 1957, S. 3–11
Die klassische Analysis als eine konstruktive Theorie: Acta Philosophica Fennica Fasc. 18, Helsinki 1965, S. 81–94
Das Begründungsproblem der Geometrie als Wissenschaft der räumlichen Ordnung: Philosophia Naturalis, Band VI, Heft 4, 1961, S. 415–431
Wie ist die Objektivität der Physik möglich?: Argumentationen. Festschrift für Josef König, Göttingen 1964, S. 143–150
Moralische Argumentationen im Grundlagenstreit der Mathematiker: in: Tradition und Kritik. Festschrift für Rudolf Zocher, Stuttgart 1967, S. 219–227

stw 1 Jürgen Habermas
Erkenntnis und Interesse
Mit einem neuen Nachwort
420 Seiten
Einzig als Gesellschaftstheorie ist radikale Erkenntniskritik möglich, heißt die Grundthese von Habermas. Damit greift er nicht nur in die an Methodenfragen orientierte Positivismus-Diskussion ein, sondern auch in die auf Praxis gerichtete politische Diskussion.

stw 2 Theodor W. Adorno
Ästhetische Theorie
Mit einem Begriffsregister
Herausgegeben von Gretel Adorno und Rolf Tiedemann
568 Seiten
Die Ästhetische Theorie ist die letzte große Arbeit Adornos, die bei seinem Tode kurz vor ihrer Vollendung stand. Sie sollte neben der Negativen Dialektik und einem geplanten moralphilosophischen Werk das darstellen, was Adorno »in die Waagschale zu werfen« hatte.

stw 3 Ernst Bloch
Das Prinzip Hoffnung
3 Bände. 1655 Seiten
»Die Utopie, das philosophisch bisher noch nicht zureichend bedachte Zukünftige, ohne das es kein Gegenwärtiges geben kann, steht im Zentrum des riesigen Buches ... Wie verwandelt sich Träumen in Begehren, Begehren in Wünschen? Wie gelangt das Streben nach Glück, ohne dessen messianischen Vorschein kein Jammertag ertragbar wäre, zu der Entschlossenheit, eine gewaltige Veränderung zu wagen?«
Walter Jens in »Die Zeit«

stw 4 Walter Benjamin
Der Begriff der Kunstkritik in der deutschen Romantik
Herausgegeben von Hermann Schweppenhäuser
120 Seiten
Man muß den Begriff der Kunstkritik zusammen sehen mit Lukács' *Theorie des Romans* oder den kunstphilosophischen Teilen von Blochs *Geist der Utopie:* schon in dieser frühen

Arbeit Benjamins scheint die neue Ästhetik auf, das Bemühen, Ästhetik und Geschichtsphilosophie zu verknüpfen, wie er selber es dann in inzwischen geradezu klassisch gewordener Weise im *Ursprung des deutschen Trauerspiels* verwirklichte.

stw 5 Ludwig Wittgenstein
Philosophische Grammatik
Herausgegeben von Rush Rhees
491 Seiten
Die *Philosophische Grammatik* gibt Auskunft über Wittgensteins Weg von der Konzeption einer Idealsprache zur Theorie der Sprachspiele und zur mathematischen Grundlagenforschung der Spätzeit.

stw 6 Jean Piaget
Einführung in die genetische Erkenntnistheorie
Vier Vorlesungen
Aus dem Amerikanischen von Friedhelm Herborth
104 Seiten
»Die Forschungen über genetische Erkenntnistheorie versuchen, die Mechanismen zu analysieren, nach denen Erkenntnis – sofern sie zu wissenschaftlichem Denken gehört – sich entwickelt ...« Bärbel Inhelder

stw 7 J. Laplanche – J.-B. Pontalis
Das Vokabular der Psychoanalyse
Aus dem Französischen von Emma Moersch
2 Bände. 652 Seiten
Dieses Vokabular ist nicht nur ein Wörterbuch. Hier wird eine Theorie, die unser aller Denken verändert hat, von ihrer Sprache her erforscht. Damit ist dem Fachmann wie dem Laien ein Arbeitsinstrument zur Verfügung gestellt, das bisher fehlte.

stw 8 G. W. F. Hegel
Phänomenologie des Geistes
622 Seiten
Die Phänomenologie ist »ein Werk, das im philosophischen Schrifttum nicht seinesgleichen hat, vielsträhnig und zentral, dithyrambisch und streng geordnet zugleich. Nirgends kann genauer gesehen werden, was großer Gedanke im Aufgang ist, und nirgends ist sein Lauf bereits vollständiger«.

Ernst Bloch

stw 9 *Materialien zu Hegels ›Phänomenologie des Geistes‹*
Herausgegeben von Hans Friedrich Fulda
und Dieter Henrich
445 Seiten
Die hier zusammengestellten Aufsätze zu Hegels Phänomenologie wollen dem Leser die Irrwege, Umwege und Holzwege ersparen, auf die andere in ihrem Bemühen, sich dieses »dunkelste und tiefsinnigste« Werk Hegels (Ernst Bloch) zugänglich zu machen, geraten sind.

stw 10 *Einführung in den Strukturalismus*
Mit Beiträgen von Ducrot, Todorov, Sperber,
Safouan und Wahl
Aus dem Französischen von Eva Moldenhauer
480 Seiten
Die Essays zum Strukturalismus gehen nicht von einer Apriori-Definition einer so zu nennenden strukturalen Methode aus, was nach Ansicht der Autoren nicht möglich ist. Vielmehr überprüfen die Verfasser – alle Strukturalisten der zweiten Generation – an ihrem jeweiligen Forschungsgebiet, was ihr Strukturalismus überhaupt sei.

stw 11 Siegfried Kracauer
Geschichte – Vor den letzten Dingen
Aus dem Englischen von Karsten Witte
309 Seiten
»Kracauer prüft mit skeptischem Blick geschichtsphilosophische Mythen und historiographische Methoden in der Absicht, das Interesse der Menschen an der Geschichte zu erhellen. Die Schlußfolgerungen: Geschichte tritt als eine Folge irreduzibler, einmaliger Wesenheiten in Erscheinung, die der Historiker letztlich als ›stories‹, also in ihrer ›epischen Qualität‹ zu begreifen hat.« Viktor Zmegač

stw 12 Niklas Luhmann
Zweckbegriff und Systemrationalität
Über die Funktion von Zwecken in sozialen Systemen
390 Seiten
Mit seinem Entwurf einer Systemtheorie erneuert Luhmann den von der gegenwärtigen Soziologie vernachlässigten Versuch, Gesellschaft im ganzen zu begreifen. Er untersucht die Funktion der Zweckorientierung in sozialen Systemen und bestimmt sie als Reduktion von Komplexität, als Vereinfachung, die das System handlungsfähig macht.

stw 13 Gershom Scholem
Zur Kabbala und ihrer Symbolik
303 Seiten
Scholems Studien zur Kabbala, der jüdischen Mystik des Mittelalters, deren esoterische Lehren in verschiedenen Schulen verbreitet wurden, erläutern die wiederkehrenden Bilder und Symbole im kabbalistischen Judentum aus einem lebendigen Zusammenhang der mystischen Tradition. Sie sind ein faszinierender Beitrag zum Verständnis der Geschichte und Psychologie des jüdischen Volkes.

stw 14 Claude Lévi-Strauss
Das wilde Denken
334 Seiten
Aus dem Französischen von Hans Neumann
Thema dieses inzwischen berühmt gewordenen Werkes ist das Denken in seinem »wilden Zustand«, das in jedem Menschen, ob zeitgenössisch oder vorgeschichtlich, wirksam ist als ein Element der nichtkultivierten und nicht domestizierten Geistestätigkeit.

stw 15 Peter Szondi
Zur Theorie des bürgerlichen Trauerspiels im 18. Jahrhundert
Der Kaufmann, der Hausvater, der Hofmeister
Herausgegeben von Gerd Mattenklott
Mit einem Anhang von Wolfgang Fietkau
280 Seiten
Der gemeinsame Gegenstand der literaturwissenschaftlichen Arbeiten Peter Szondis war die Geschichte des bürgerlichen Subjekts in der Moderne, insofern als sie in Literatur und Literaturtheorie wesentlichen Ausdruck fand. Sein Interesse in den letzten Jahren galt den frühen Formen bürgerlichen Bewußtseins, die sich in der Dramatik und ihrer Theorie des 18. Jahrhunderts präsentierte.

stw 16 Erik H. Erikson
Identität und Lebenszyklus
Drei Aufsätze. Aus dem Amerikanischen von Käte Hügel
224 Seiten
»Erikson verfügt über die Fähigkeit, Tatsachen verschiedener Fachgebiete sowohl isoliert aufzuzeigen als auch zu seiner Idee von der Identitätssuche des Menschen, der biologischen, kulturellen und psychodynamischen Lebens-

zyklen unterworfen ist, zu synthetisieren. Die Arbeiten sind ein Stimulans für jeden, dessen Denken ... bereit ist, den Umweltraum wie den Inweltraum des Menschen gemäß der Anforderung eines präsumptiv ›Humanen‹ zu verändern.« *Helmut Junker, Das Argument*

stw 17 Rudolf Bilz
Wie frei ist der Mensch?
Paläoanthropologie Bd. 1
470 Seiten
Das besondere Interesse von Bilz gilt den »biologischen Archaismen des Menschen«, den »Wildheitsqualitäten« des homo sapiens, ohne daß doch, wie es in der heutigen Verhaltensforschung häufig geschieht, vorschnell vom Tier auf den Menschen geschlossen würde.

stw 18 Viktor von Weizsäcker
Der Gestaltkreis
Mit einem Vorwort von Rolf Denker
294 Seiten
Von Weizsäcker fordert eine ganzheitlich anthropologisch fundierte Medizin und wurde damit zum Mitbegründer der Psychosomatik. Sein Werk hat über die Medizin hinaus Anthropologie, Sozialwissenschaften und speziellere Handlungstheorien entscheidend beeinflußt.

stw 19 Noam Chomsky
Sprache und Geist
Aus dem Amerikanischen von Siegfried Kanngießer, Gerd Lingrün, Ulrike Schwarz und Anna Kamp
189 Seiten
»Die Theorien Noam Chomskys haben in der Linguistik während der letzten Jahre zu einem ›Paradigmenwechsel‹ (Th. Kuhn) geführt. Forschungsstrategisch sinnvolle Fragestellungen, die Bewertung neuer Methoden und Standards und die Einschätzung linguistisch relevanter Problemlösungen folgen dem theoretischen Rahmen, den Chomsky der Linguistik gegeben hat.« *Anton Leist, Das Argument*

stw 20 Jakob von Uexküll
Theoretische Biologie
Mit einem Vorwort von Rudolf Bilz
408 Seiten
Im Vordergrund der heutigen biologischen Forschungen

stehen in erster Linie die Probleme der physiologischen Chemie. Insofern mutet die *Theoretische Biologie* Jakob von Uexkülls eher wie ein Vorläufer der Wahrnehmungspsychologie oder der Ethologie an.

stw 21 Victor Erlich
Russischer Formalismus
Aus dem Englischen von Marlene Lohner
Mit einem Geleitwort von René Wellek
Etwa 410 Seiten
»Erlichs Buch ist die einzige umfassende Darstellung des russischen Formalismus in einer westlichen Sprache ... (es) ist eine vorzügliche, authentische Studie über eine Gruppe von Schriftstellern und ein zusammenhängendes Gedankengebäude, die jedem Literaturwissenschaftler bekannt sein sollte.« *René Wellek*

stw 22 *Seminar: Politische Ökonomie*
Zur Kritik der herrschenden Nationalökonomie
Herausgegeben von Winfried Vogt
334 Seiten
Dieser Band repräsentiert die Breite der Kritik an der herrschenden bürgerlichen Nationalökonomie. Die vertretenen Positionen reichen von der Keynesschen Theorie über eine pragmatische Richtung bis hin zur marxistischen Kritik. Von hier aus wird man sehen müssen, inwieweit eine übergreifende theoretische Konzeption möglich ist.

stw 23 Theodor W. Adorno
Philosophische Terminologie Bd. 1
Herausgegeben von Rudolf zur Lippe
240 Seiten
In der »Philosophischen Terminologie« schlägt Adorno den Weg ein, zentrale Begriffe der Philosophie historisch und thematisch zu untersuchen. Die Begriffsanalysen führen in das Denken Adornos, gleichzeitig aber auch in die Kritische Theorie ein.

stw 24 Hans Blumenberg
Der Prozeß der theoretischen Neugierde
Erweiterte und überarbeitete Neuausgabe
von »Die Legitimität der Neuzeit«, dritter Teil
320 Seiten
Die bestimmenden Attribute der Neuzeit leiten sich aus

der humanen Selbstbehauptung gegenüber dem theologischen Absolutismus des ausgehenden Mittelalters her. Zur Begründung dieser These wird der Prozeß der Diskriminierung und Rehabilitierung der »theoretischen Neugierde« von der Antike bis zum Ende des 18. Jahrhunderts verfolgt.

stw 25 Thomas S. Kuhn
Die Struktur wissenschaftlicher Revolutionen
Aus dem Amerikanischen von Kurt Simon
227 Seiten
Fortschritt in der Wissenschaft – das ist Kuhns These – vollzieht sich nicht durch kontinuierliche Veränderung, sondern durch revolutionäre Prozesse: Ein bisher geltendes Erklärungsmodell wird verworfen und durch ein anderes ersetzt. Diesen Vorgang bezeichnet sein berühmt gewordener Terminus »Paradigmenwechsel«.

stw 26 Heinrich Zimmer
Philosophie und Religion Indiens
Aus dem Amerikanischen von Lucy Heyer-Grote
597 Seiten
»Es ist das vollständigste und zugleich intelligenteste Buch über die außerordentlich reiche und komplexe Philosophie Indiens, das je geschrieben wurde.« *New York Times*

stw 27 Jean Piaget
Das moralische Urteil beim Kinde
Aus dem Französischen von Lucien Goldmann
463 Seiten
Piaget zeigt, welche Bedeutung in der Entwicklung des moralischen Urteils den gegenseitigen Beziehungen zwischen gleichgestellten Kindern, also dem Solidaritäts- und Verantwortungsbewußtsein, zukommt.

stw 28 George Herbert Mead
Geist, Identität und Gesellschaft
Mit einer Einleitung von Charles W. Morris
Aus dem Amerikanischen von Ulf Pacher
456 Seiten
Mind, Self and Society ist *der* Klassiker der Sozialpsychologie. Das postum aus Vorlesungsnachschriften veröffentlichte Werk verschmilzt »einen von einem moralischen Ethos idealistischer Vernunft beseelten Pragmatismus mit

Evolutionismus und einem sozial interpretierten Behaviorismus«. *Helmut Kuhn*

stw 30 *Seminar: Die Entstehung von Klassengesellschaften*
Herausgegeben von Klaus Eder
384 Seiten
Mit der Entwicklung von der »menschlichen Naturgeschichte« zur »menschlichen Vorgeschichte« befassen sich so renommierte Autoren wie Sahlins, Moscovici u. a. Ihre Beiträge sind Ansätze zu einer Theorie der Genese und Struktur von Klassengesellschaften.

stw 31 Alfred Lorenzer
Sprachzerstörung und Rekonstruktion
Vorarbeiten zu einer Metatheorie der Psychoanalyse
248 Seiten
Lorenzers Versuch einer wissenschaftstheoretischen Bestimmung des psychoanalytischen Vorgehens nimmt seinen Ausgang von dem alten Gegensatz von »Erklären« und »Verstehen«. Aus der Untersuchung der psychoanalytischen Operationsschritte wird eine Metatheorie entwickelt, die die Züge einer Sprachanalyse annimmt: Neurose erweist sich als »Sprachzerstörung« und die psychoanalytische Therapie als Rekonstruktion von Sprache.

stw 33 Georg Lukács
Der junge Hegel
896 Seiten
Lukács' Studie untersucht Hegels Auffassung von der Dialektik der menschlichen Gesellschaft in ihrer Entwicklung von den Jugendschriften bis zur Phänomenologie des Geistes. Mit scharfsinniger Polemik gegen die bürgerliche Hegelforschung deckt er ideologiekritisch die idealistischen Züge dieser Dialektik auf. Dabei geht es Lukács um den inneren Zusammenhang von Philosophie und Ökonomie.

stw 34 W. Ross Ashby
Einführung in die Kybernetik
Aus dem Englischen von Jörg Adrian Huber
ca. 400 Seiten
Die Einführung in die Kybernetik ist eines der Standardwerke der jungen Wissenschaft Kybernetik, nicht zuletzt durch des Autors didaktisches Geschick der Grundlagenvermittlung. Ashby vermeidet es, für den Laien unnötig ver-

wirrende Bereiche der Elektronik und der höheren Mathematik in seine Einführung einzubeziehen und verwendet statt dessen allgemeinverständliche Beispiele aus dem Alltag.

stw 35 Ernst Bloch
Geist der Utopie
Unveränderter Nachdruck der bearbeiteten Neuauflage der 2. Fassung von 1923
351 Seiten
Geist der Utopie ist ein Manifest gegen die Leere, Ungläubigkeit und Hohlheit dieser Zeit; es ist die beschwörende Proklamation eines neuen, reichen, frommen Lebens. Von einer Verzweiflung über die Barbarei des Krieges getrieben, eifert Bloch für eine umfassende Revolution, deren politischer Aspekt zwar conditio sine qua non ist, die aber weit darüber hinaus in ein neues Zeitalter führen soll.

stw 36 Reinhart Koselleck
Kritik und Krise
Ein Beitrag zur Pathogenese der bürgerlichen Welt
248 Seiten
Die Frage nach dem Zusammenhang von Kritik und Krise ist geschichtlich und aktuell zugleich. Die Untersuchung umspannt den Zeitraum von den religiösen Bürgerkriegen bis zur Französischen Revolution. Die hypokritischen Züge der Aufklärung werden begriffsgeschichtlich und ideologiekritisch herausgearbeitet. Dabei stoßen wir auf die politischen Grenzen der Aufklärung, die ihr Ziel verfehlt, sobald sie zur reinen Utopie gerinnt.

stw 37 Siegfried Bernfeld
Sisyphos oder die Grenzen der Erziehung
156 Seiten
Bernfeld macht Marx und Freud zu »Schutzpatronen der neuen Erziehungswissenschaft«. Er will, wenn möglich, den Determinismus der Vererbungslehre, der Konstitutionsforschung, der Psychoanalyse, des Darwinismus und den der Klassenlage überwinden. *Klaus Horn*

stw 38 *Seminar: Ideen und Interessen*
Studien zu Max Webers »Protestantischer Ethik«
Herausgegeben von Constans Seyfarth und Walter M. Sprondel

ca. 360 Seiten
Die Zusammenstellung neuerer Beiträge zu Max Webers »Protestantischer Ethik« zielt auf die Klärung verschiedener Aspekte der Beziehung Webers zum Marxismus, der Komplexität der Genese des kapitalistischen Systems, der Argumente, die in die Richtung einer allgemeinen Theorie soziokultureller Wandlungsprozesse weisen und schließlich der heute höchst aktuellen Frage von Schwellen der soziokulturellen Evolution.

stw 39 Michel Foucault
Wahnsinn und Gesellschaft
Eine Geschichte des Wahns im Zeitalter der Vernunft
Aus dem Französischen von Ulrich Köppen
562 Seiten
Michel Foucault erzählt die Geschichte des Wahnsinns vom 16. bis zum 18. Jahrhundert. Er erzählt zugleich die Geschichte seines Gegenspielers, der Vernunft, denn er sieht die beiden als Paar, das sich nicht trennen läßt. Der Wahn ist für ihn weniger eine Krankheit als eine andere Art von Erkenntnis, eine Gegenvernunft, die ihre eigene Sprache hat oder besser: ihr eigenes Schweigen.

stw 40 Peter Szondi
Poetik und Geschichtsphilosophie 1
Antike und Moderne in der Ästhetik der Goethezeit
Hegels Lehre von der Dichtung
Herausgegeben von Hans-Hagen Hildebrandt und Senta Metz
537 Seiten
In den Vorlesungen dieses Bandes betrachtet Szondi anhand des Verhältnisses von Antike und Moderne die ästhetische Theorie der Epoche, die etwa als Zeitalter Goethes umschrieben werden kann. Die Darstellung hält die entscheidenden Impulse fest, die den Weg bestimmen, der von der normativen Aufklärungspoetik zur Philosophie der Kunst in den Systemen des deutschen Idealismus führt.

stw 41 C. B. Macpherson
Die politische Theorie des Besitzindividualismus
Von Hobbes bis Locke
Aus dem Englischen von Arno Wittekind
348 Seiten
Macphersons Untersuchung gilt dem Problem einer gesi-

cherten theoretischen Grundlage für den liberal-demokratischen Staat. Als gemeinsame Voraussetzung der englischen politischen Theorie von Hobbes bis Locke erkennt er einen auf Besitz gegründeten und am Besitz orientierten Individualismus.

stw 42 Noam Chomsky
Aspekte der Syntax-Theorie
Aus dem Amerikanischen übersetzt und herausgegeben von einem Kollektiv unter der Leitung von Ewald Lang, Arbeitsstelle Strukturelle Grammatik, Deutsche Akademie der Wissenschaften, Berlin
314 Seiten
In dem Buch wird der Versuch unternommen, jenen Teil einer linguistischen Theorie zu entwerfen, der sich auf die syntaktische, die den Bau des Satzes betreffende Komponente bezieht. Unter der von Chomsky beschriebenen »generativen Grammatik« ist ein System von Regeln zu verstehen, mit denen eine beliebige Zahl von Sätzen erzeugt werden kann. Jeder Sprecher hat sich eine solche generative Grammatik offenbar vollständig angeeignet.

stw 43 Robert Minder
Glaube, Skepsis und Rationalismus
Dargestellt aufgrund der autobiographischen Schriften von Karl Philipp Moritz
294 Seiten
Minders Arbeit gilt als Wendepunkt in der Moritz-Forschung. Er entdeckte damit gewissermaßen einen Zeitgenossen Goethes neu, der ganz zu Unrecht immer gegenüber der Popularität der idealistischen Klassik im Hintergrund blieb. An den Werken von Moritz zeigt Minder nicht nur dessen literarische Qualität und aufklärerischen Impetus, es entsteht auch ein Bild des sektiererischen Kleinbürgertums im ausgehenden 18. Jahrhundert.

stw 44 Rudolf Bilz
Studien über Angst und Schmerz
Paläoanthropologie Band I/2
330 Seiten
Paläoanthropologie: das ist für Bilz die Lehre vom Menschen, der als eigene Art gesehen wird, aber als eine Art, die sozusagen noch nicht fertig ist. Das besondere Interesse von Bilz gilt den Verhaltensähnlichkeiten zwischen Mensch

und Tier in typischen Situationen, ohne daß doch vorschnell vom Tier auf den Menschen geschlossen würde.

stw 52 Karl Griewank
Der neuzeitliche Revolutionsbegriff
Entstehung und Entwicklung
Aus dem Nachlaß herausgegeben von
Ingeborg Horn-Staiger
Mit einem Nachwort von Hermann Heimpel
196 Seiten
Karl Griewank war der erste Historiker, der den spezifischen Revolutionsbegriff der Neuzeit herausgearbeitet hat. Es geht ihm dabei nicht um eine Begriffsbestimmung, sondern um die Geschichte des Revolutionsverständnisses seit dem Beginn der sogenannten Neuzeit im Bewußtsein der Beteiligten und historischen Beobachter.

stw 54 Barrington Moore
Soziale Ursprünge von Diktatur und Demokratie
Die Rolle der Grundbesitzer und Bauern
bei der Entstehung der modernen Welt
Aus dem Amerikanischen von Gert H. Müller
635 Seiten
Moores Buch knüpft an die Tradition soziologischer Analysen von geschichtlichen Zusammenhängen an, in der die Soziologie von Marx bis Max Weber stand. Er versucht, die politische Rolle zu erklären, die landbesitzende Oberschicht und Bauernschaft bei der Umwandlung der Agrargesellschaften zu modernen Industriegesellschaften gespielt haben.

stw 76 Paul Ricoeur
Die Interpretation
Ein Versuch über Freud
Aus dem Französischen von Eva Moldenhauer
564 Seiten
Die Beziehung von Psychoanalyse und Sprache ist der Gegenstand von Ricoeurs umfangreicher Freud-Analyse. Er untersucht die hermeneutischen Prozesse der Psychoanalyse, in denen es um Entmystifizierung und Illusionsabbau geht. Unter diesem Aspekt stellt er Freud an die Seite von Marx: Ihnen gemeinsam sei die Intention, Bewußtsein als falsches zu entlarven, um mit der Kunst der Interpretation zu einer authentischen Sprache zu gelangen.

Alphabetisches Verzeichnis der suhrkamp taschenbücher wissenschaft